Hefte zur Unfallheilkunde

Beihefte zur „Monatsschrift für Unfallheilkunde und Versicherungsmedizin"
Herausgegeben von Professor Dr. **M. zur Verth,** Hamburg

Zuletzt erschien:

Heft 25
Unfall und Knochengeschwulst

Von Dozent Dr. **Hans Hellner**
Oberarzt der Staatl. Chirurgischen Universitätsklinik Münster (Westf.)

Mit 20 Textabbildungen. 55 Seiten. 1939. RM 4.80

Die übrigen Hefte:

Hefte 1—6 und 10 sind vergriffen.

Heft 7: Verletzungen der Handwurzelknochen. Von Dr. **P. H. van Eden.** Mit 72 Abbildungen. 80 Seiten. 1930. RM 6.60

Heft 8: Verhandlungen auf der VI. Jahrestagung der Deutschen Gesellschaft für Unfallheilkunde, Versicherungs- und Versorgungsmedizin am 26. und 27. September 1930 in Breslau. 150 Seiten. 1931. RM 15.—

Heft 9: Über Selbstverletzungen und künstliche Wundunterhaltung zur illegitimen Obtention von Versicherungsleistungen. (Fälle der Schweizerischen staatlichen und privaten Unfallversicherungen.) Von **W. Schibler.** 77 Seiten. 1931. RM 4.80

Heft 11: Der heutige Stand der Knochenbruchbehandlungen. Von Geh. Med.-Rat Professor Dr. **Moritz Borchardt.** Mit 42 Textabbildungen. 72 Seiten. 1932. RM 7.80

Heft 12: Die Begutachtung beruflicher Hauterkrankungen. Von Dr. med. **Max Michael.** 40 Seiten. 1932. RM 2.80

Heft 13: Die Tätigkeit des Durchgangsarztes. Von Dr. **H. Jordan-Narath** und Dr. **Jos. Wolf.** 13 Seiten. 1932. RM 1.20

Heft 14: Die Todesfälle und Amputationen des Unfallkrankenhauses und der Arbeiter-Unfallversicherungsanstalt für Wien, Niederösterreich und Burgenland in den Jahren 1926 bis 1930 unter besonderer Berücksichtigung der Sepsis nach frischen offenen Verletzungen. Von Dr. **Walther Ehalt.** 55 Seiten. 1932. RM 4.20

Heft 15: Handhabung und Ergebnisse des Unfallheilverfahrens auf dem Lande. Untersuchungen an 703 Fällen typischer Verletzungsarten. Von Dr. **W. Wette,** Kassel. 44 Seiten. 1933. RM 3.20

Heft 16: Der Tod im Wasser als Unfall. Von Dr. med. **Walter Gmelin,** Immenstaad am Bodensee. 48 Seiten. 1933. RM 3.60

Heft 17: Unfallbeziehungen zu nichttraumatischen Hirn- und Geisteskrankheiten. Von Professor Dr. **Martin Reichardt,** Würzburg. Mit 5 Textabbildungen. 28 Seiten. 1933. RM 2.—

Heft 18: Die Wirbelsäule in der Unfallheilkunde. Von Chefarzt Dr. **Ernst Ruge,** Frankfurt a. d. O. Mit 43 Textabbildungen. 154 Seiten. 1934. RM 12.—

Heft 19: Zur Erkennung und Begutachtung von Schädelgrundbrüchen. Von Dozent Dr. **Hans Hellner,** Assistent der Chirurgischen Universitätsklinik Münster (Westf.). Mit 17 Textabbildungen. 43 Seiten. 1935. RM 4.40

Heft 20: Der Tod im Wasser als versicherungsrechtliches Problem. Von **Hartwig Gravenhorst,** Wesermünde. 37 Seiten. 1937. RM 3.—

Heft 21: Unfallheilkunde und ärztliche Ausbildung. Von Dr. **Edgar Passarge,** Facharzt für Chirurgie und Prosektor am anatomischen Institut Rostock. Mit 5 Textabbildungen. 57 Seiten. 1938. RM 4.80

Heft 22: Akute Gliedmaßendystrophie in ihrer Bedeutung für die Behandlungsmaßnahmen in der Unfallchirurgie. Von Dr. habil. **Bruno Karitzky,** Chirurgische Universitätsklinik Freiburg i. Br. Mit 11 Textabbildungen. 52 Seiten. 1938. RM 4.40

Heft 23: Bedeutung des „Vorherigen Zustands" für die Begutachtung der Folgen von Betriebsunfällen. Von Dr. **P. Reckzeh,** Chefarzt der Allgem. Ortskrankenkasse der Stadt Berlin i. R., Lehrbeauftragter für Versicherungsmedizin und Gutachtertätigkeit an der Universität Berlin. Chefarzt des Krankenhauses Birkenwerder. 44 Seiten. 1938. RM 3.60

Heft 24: Kollaterale Entzündungszustände (sog. akute Knochenatrophie und Dystrophie der Gliedmaßen) in der Unfallheilkunde. Von Dr. **Paul Sudeck,** Prof. em. an der Hansischen Universität. Mit 44 Abbildungen. 68 Seiten. 1938. RM 6.40

VERLAG VON F. C. W. VOGEL IN BERLIN

HEFTE ZUR UNFALLHEILKUNDE

BEIHEFTE ZUR „MONATSSCHRIFT FÜR UNFALLHEILKUNDE UND VERSICHERUNGSMEDIZIN"

HERAUSGEGEBEN VON PROF. DR. M. ZUR VERTH, HAMBURG

HEFT 26

DER MENISCUSSCHADE

SEINE ÄTIOLOGIE UND SEINE BEGUTACHTUNG IM RAHMEN DER ALLGEMEINEN UNFALLBEGUTACHTUNG

VON

PROFESSOR DR. HANS BURCKHARDT

ESSEN

Springer-Verlag Berlin Heidelberg GmbH 1939

ISBN 978-3-662-32516-2   ISBN 978-3-662-33343-3 (eBook)
DOI 10.1007/978-3-662-33343-3

Das Schrifttum über die Schäden der kleinen Gebilde des Kniegelenks, die wir Menisken nennen, hat in den letzten Jahren ein phantastisches Ausmaß erreicht. Sehr witzig hat *Payr* das die halbmondförmige Wissenschaft genannt.

Im folgenden möchte ich nun keine neuen klinischen, histologischen, chemischen, physikalischen Untersuchungen bringen und das bereits überreichliche Material nach dieser Richtung vermehren. Da ich mich nicht nur mit den Meniscusschäden, sondern mit allen verwandten unspezifischen Gelenkkrankheiten eingehend beschäftigt habe, da ich über eine ausreichende Erfahrung als Gutachter auf diesem Gebiet verfüge, habe ich mir hier nur die folgende Aufgabe gestellt. Erstens möchte ich auszuführen versuchen, warum bisher über die Meniscusschäden so wenig Einigkeit erzielt worden ist. Zweitens möchte ich zeigen, daß dies teilweise auf einer mangelhaften, oft nur allzu oberflächlichen Verwendung von Schlagwörtern beruht, bei denen jeder sich etwas anderes denkt. Drittens hoffe ich beweisen zu können, daß eine nähere Betrachtung dessen, was wirklich vorliegt, dazu führen muß, tiefer, als dies bisher meist geschah, in das Wesen und die Entstehung aller mechanisch bedingten Schäden einzudringen. Es wird sich hierbei herausstellen, daß manche Grundlagen unserer Anschauung in physiologischer und pathologischer Hinsicht über die Entstehung von Verletzungen des Körpers einer Änderung bedürfen, und daß auch in unfalltechnischer Hinsicht vieles bisher Unzulängliche verbessert werden muß. Gerade weil die Erörterung des Meniscusschadens weit über das eigentliche enge Gebiet desselben hinausgreift, halte ich mich für berechtigt und verpflichtet, diese eingehende Behandlung des im Titel genannten Themas vorzulegen. Ich glaube aber, daß damit auch die Hauptstreitpunkte in der Meniscusfrage zu einer befriedigenden Lösung geführt werden können.

Ich will der Reihe nach die einzelnen Fragen besprechen.

I. Theoretische Grundlagen in pathologisch-physiologischer und unfalltechnischer Hinsicht.

Körpereigenes Trauma.

Mit dem Wort körpereigenes Trauma ist viel Mißbrauch getrieben worden. Was will man eigentlich damit sagen? **Welche Traumen sind denn körpereigene und welche sind es nicht?** Den meisten, die das Wort in den Mund nehmen, schwebt unklar so etwas vor, wie daß dabei **äußere Kräfte aus dem Spiel bleiben. Etwas Derartiges gibt es überhaupt nicht.** Der Mensch schwebt nicht bloß nicht im luftleeren Raum, er schwebt nicht einmal in der Luft, er ist in engstem Kontakt mit der massiven Außenwelt. Von den mechanischen Kräften, die mit ihr zusammenhängen, und seien es auch nur die Druckkräfte, die vom Boden gegen die Sohlen ausgeübt werden, kann niemals abgesehen werden. Wer das nicht einsieht, dem ist dringend zu raten, daß er sich erst über das klar wird, was man in der Physik unter Kraft versteht, und Kraft ist hier ein physikalischer Begriff. **Umgekehrt soll sofort gezeigt werden, daß bei den gewöhnlichen Frakturen, deren Entstehungsursache meist lediglich in der Einwirkung einer äußeren Kraft gesehen wird, körpereigene Vorgänge wesentlich mitbeteiligt sind**[1].

Wenn die Verletzung eines gesunden Meniscus durch eine gewaltsame ungeschickte Bewegung ein körpereigenes Trauma ist, so ist auch eine Querfraktur der Kniescheibe, eine Torsionsfraktur des Oberschenkels wie des Schienbeins ein körpereigenes Trauma. Alle 3 Traumen erfolgen meistens so, daß der Fuß am Boden festgehalten wird (wobei eben die mit der Außenwelt zusammenhängende Kraft mitspielt) und durch die Muskelaktion Kräfte erzeugt werden, die Teile des Körpers, welche eine mechanische Funktion haben, überbeanspruchen. Danach wären die **Fraktur der Kniescheibe, die Torsionsfraktur des Oberschenkels und des Schienbeins körpereigene Traumen.** Schon hieraus ergibt sich, daß im Körper selber mechanische Kräfte auftreten können, die genügend groß sind, die stärksten Knochen zum Brechen zu bringen. Spielt nun aber die Muskelaktion bei der großen Zahl auch der gewöhnlichen Frakturen, auch bei solchen,

---

[1] Alles Nähere auch betreffs der weiteren Ausführungen siehe *Burckhardt*: „Der Mechanismus der Frakturentstehung. Das larvierte Trauma als ein grundlegendes Prinzip in der Pathologie. Die traumatischen Schäden des Bewegungssystems", Arch. Klin. Chir. **185**, 428 (1936) und: „Die Entstehung der sog. Verletzungen durch Muskelzug", Med. Klin. **1936**, H. 35, 36.

bei denen ein Konflikt mit der Außenwelt ersichtlich hereinspielt, wie z. B. beim Hergang der typischen Speichenfraktur, nicht auch eine entscheidende Rolle? Man kann sich kaum vorstellen, daß ein völlig Bewußtloser eine typische Speichenfraktur erleidet. Bei einem Menschen, der eine solche sich zuzieht, sind die Kräfte der Muskeln, die den Körper in bestimmter Stellung festhalten, besonders den Arm vor dem Einknicken bewahren, genau sosehr ein Teil der Ursache der Fraktur wie die Kraft, die sich äußert beim Aufprall der Hand auf den Boden. Analoges gilt für die meisten der gewöhnlichen Frakturen, bei ihrem Zustandekommen ist die Muskelaktion wesentlich beteiligt. Die Kraft, die beim Aufschlagen der Hand auf den Boden sich äußert, ist physikalisch dasselbe wie etwa die Kraft, mit der infolge der Muskelaktion die Kniescheibe gegen den Oberschenkel oder die Kraft, mit der die beiden großen Knochen des Kniegelenks bei irgendwelchen entsprechenden Bewegungen gegeneinander gepreßt werden. Übersteigt im Fall der Kniescheibe die einwirkende Kraft die Widerstandsfähigkeit der Kniescheibe, so bricht sie genau wie die Speiche bricht, wenn deren Widerstandsfähigkeit der beim Aufschlagen der Hand auf den Boden wirksamen Kraft nicht gewachsen ist. Der Unterschied ist nur der: Im Falle der Kniescheibenfraktur geht der letzte Impuls von einer Kraft aus, die durch Muskelaktion hervorgerufen ist, im Falle der Speichenfraktur von dem fallenden Körper, wobei durch den Fall ein Konflikt mit der Außenwelt herbeigeführt wird. Dieser Konflikt ist sinnfällig, und darum hat die bisherige naive Anschauung in dem Sturz die alleinige Ursache der Fraktur gesehen, und auch heute noch fällt es den meisten Menschen schwer, sich an den Gedanken zu gewöhnen, daß es auch Frakturen gibt, bei denen ein Konflikt mit der Außenwelt gar nicht in die Erscheinung tritt (z. B. besonders bei den sog. Frakturen durch Muskelzug), und daß bei den meisten der gewöhnlichen Frakturen die Kraft, die bei dem Konflikt mit der Außenwelt so sichtbarlich in die Erscheinung tritt, nur eine von den vielen Kräften ist, die in dem ganzen System des Körpers in gleicher Weise mitwirken, damit im konkreten Fall gerade diese und nur diese Fraktur zustande kommt.

Regensburger sagt, indem er von Meniscusschäden spricht: „Daß hierbei manchmal für das Ausmaß der Verletzung der augenblickliche Spannungszustand des Muskel- und Bandapparats von Bedeutung ist, bedarf wohl keiner Erklärung. In der Mehrzahl der Fälle ist dieser jedoch von untergeordneter Bedeutung." Das ist nur ein Beispiel von vielen Aussprüchen aus dem Schrifttum, die mit der hier vorgetragenen Darstellung in schärfstem Widerspruch stehen!

Im übrigen gibt es Frakturen, die auf zwei verschiedene Weisen entstehen können, einmal so, daß der letzte Impuls, der die Überbeanspruchung, also den Knochenbruch herbeiführt, ausgeht von der Muskelaktion, dann so, daß der letzte Impuls ausgeht von einer Kraft, die sich offenbart in einem Konflikt mit der Außenwelt. Nach der unzureichenden Vorstellung, wie sie oben geschildert ist, wäre das eine eine körpereigene Fraktur, das andere nicht. So kann der Abbruch des hinteren Fortsatzes des Fersenbeins beim **Absprung** entstehen; dann geht der letzte Impuls von der Kontraktion der Wadenmuskulatur aus. Oder beim **Aufsprung**, dann geht der letzte Impuls aus von der Wucht des fallenden Körpers, wobei das Fersenbein schon vorher durch die im Moment des Aufsprungs bereits kontrahierte Wadenmuskulatur festgehalten ist.

Aus all dem ergibt sich zwingend, daß der Begriff des körpereigenen Traumas nicht innerhalb dieser zwei Kategorien abgegrenzt werden kann. Denn die Muskelaktion ist in beiden Fällen eine notwendige Voraussetzung, ein wesentliches Moment der Ursache. Umgekehrt kann bei keiner der zwei Kategorien von solchen Kräften abgesehen werden, die ihre Entstehung der Berührung des Körpers mit der Außenwelt verdanken. Ferner: bei jeder Fraktur ist stets das ganze mechanische System des Körpers mit allen seinen Kräften, wie sie gerade im Augenblick gegeben sind, wo die Fraktur erfolgt, in Rechnung zu ziehen.

Die Dinge liegen also bezüglich der Analyse des einzelnen Falls ungeheuer viel verwickelter als es den Anschein hat, wenn man etwa in einem Lehrbuch über Frakturen ließt: „die Fraktur der Kniescheibe erfolgt durch gewaltsame Kontraktion des Quadrizeps" oder „die typische Fraktur der Speiche erfolgt durch Aufschlagen der Hand auf den Boden".

Wenn wir überhaupt eine Grenze ziehen wollen, so muß das an anderer Stelle geschehen. Es gibt nämlich Frakturen, bei deren Entstehung die Muskelaktion unwesentlich ist. Das können z. B. solche sein, die durch eine äußere Gewalt zustande kommen, die direkt (von den zwischenliegenden Weichteilen wie der Haut abgesehen) an dem zu Bruch gelangenden Knochen angreift, etwa wenn ein Unterschenkel überfahren wird, oder auch wenn ein gestrecktes Bein so eingeklemmt wird, daß die beiden großen Knochen des Knies seitlich abgeknickt werden, wobei der Meniscus zerquetscht werden kann. Begreiflicherweise findet man bei Bewußtlosen, z. B. schwer Betrunkenen, besonders häufig Schädelbrüche, bei denen die Muskelaktion keine Rolle spielt. (Wenn wir sagen, bei den gewöhnlichen Frakturen ist die Muskelaktion ein wesentlicher Teil der Ursache, so bedeutet das nicht, daß die Muskelaktion hier in allen Fällen schädlich sei, denn die Art der unter ihrer Mithilfe erzeugten Frakturen ist sehr häufig viel harmloser als die Fraktur [z. B. Schädelbruch beim Betrunkenen], die entstehen würde, wenn die Muskelaktion ausbliebe.)

Man kann also — wenn der Ausdruck nicht mißverstanden wird — von nicht körpereigenen Frakturen (besser: rein von außen verursachten Frakturen) nur dann sprechen, wo bei deren Entstehung die Muskelaktion unwesentlich ist.

In der guten alten Zeit, als die Industrieverletzungen noch nicht die Rolle spielten wie heute, als noch keine Autos fuhren, war das Augenmerk fast nur auf solche Frakturen gerichtet und beschäftigte sich die Frakturlehre überwiegend nur mit solchen Frakturen, bei denen die Muskelaktion in der Entstehung der Fraktur eine wesentliche Rolle spielte. Um so verwunderlicher ist es, daß man trotzdem die Ursache der Frakturen nur in der Außenwelt suchte. Heute im Zeitalter der Industrie, des Verkehrs, ist der Kreis der Frakturen, die überwiegend oder ganz durch äußere Gewalt entstehen, ungeheuer erweitert. Bei solchen Frakturen findet man in der Regel auch die entsprechenden Verletzungen der bedeckenden Weichteile, besonders der Haut. Diese treten bei den Frakturen zurück, die unter wesentlicher Mithilfe der Muskelaktion zustande kommen. Darum ist es auch ganz abwegig, wenn man bei gewissen Frakturen, z. B. kleinen Binnenfrakturen des Kniegelenks oder bei Meniscusschäden erwartet, daß jedesmal äußere Verletzungen vorliegen, und mangels solcher abstreitet, daß eine Binnenfraktur zustande gekommen sein könnte. Eine äußere Verletzung ist da nur insofern von Bedeutung, als sie unter Umständen einen Rückschluß erlaubt, daß die betreffende Bewegung mit einer besonderen Gewalt ausgeführt wurde. Wir kommen unten darauf zurück.

Zu bemerken wäre hier noch, daß es für die Größe einer von außen wirkenden Gewalt keine Grenzen gibt, dagegen für körpereigene Kräfte natürlich eine solche besteht. Ist die von außen kommende Kraft übergroß, so ist die Einwirkung der körpereigenen Kräfte unwesentlich.

Direkte und indirekte Frakturen.

Unter einer direkten Fraktur kann man füglich nur eine solche verstehen, wo eine äußere Kraft etwa durch einen Schlag mit einem harten Gegenstand direkt (von den bedeckenden Weichteilen abgesehen) an dem als Einheit aufgefaßten mechanisch beanspruchten Gebilde angreift, also z. B. Parierfraktur der Elle, Überfahrenwerden des Schienbeins, aber nicht, wie das oft geschieht, wo die Außenwelt unter Mithilfe anderer Teile einwirkt. Wenn ein gestrecktes Bein abgebogen und dabei der Meniscus zerquetscht wird, so ist das keine direkte Verletzung des Meniscus. Eine typische Meniscusverletzung (wir sprechen hier nur von solchen) ist bei der versteckten Lage des Meniscus niemals eine direkte.

Unfall und äußere Gewalt.

Schaer sagt auf S. 114 seines Buches[1]: „Es geht daraus hervor, daß jede unfreiwillige, plötzliche, gewaltsame, schädigende Einwirkung von außen auf ein Gewebe als Trauma aufgefaßt werden muß, wobei umgekehrt nur auf einen Teil der Traumen diese Beschreibung paßt." Viele Gerichte haben das Wort Unfall in dieser oder ähnlicher Weise, d. h. als Folge einer Einwirkung von außen, definiert, desgleichen manche Gesetzesbestimmungen, z. B. in der Privat-Unfallversicherung, letztere mit dem stillschweigenden Zusatz, daß bei nicht von außen kommenden Einwirkungen Unfall abgelehnt werden müsse. Die Absicht dabei ist, die Zahl der der Versicherung unterliegenden Unfälle einzuschränken. Der Gesetzgeber ist suverän in dem, was er anordnet, solange seine Anordnungen sich an das halten, was der Wirklichkeit entspricht. Darüber hinaus hört seine Suveränität auf. Wenn also die genannte oder eine ähnliche Fassung einer Gesetzesbestimmung Binnenfrakturen eines Gelenks irgendwelcher Art auf diese Weise ausschließen will, so ist das unmöglich. Wie schon gesagt, schwebt der Mensch nicht in der Luft, noch weniger im luftleeren Raum, meist nicht einmal im Wasser, sondern ist irgendwie im Kontakt mit der festen Erde. Eine Binnenfraktur des Kniegelenks, etwa ein Meniscusriß, hat zur Voraussetzung, daß der Fuß am Boden festgehalten ist. Eine Beziehung des ganzen Kraftsystems im Körper zur Außenwelt ist bei jeder Fraktur und immer vorhanden. Die genannte Definition setzt also Traumen voraus, indem sie sie als Unfall auszuschließen versucht, die überhaupt nicht vorkommen! Umgekehrt ist ersichtlich, daß die genannte Definition von der irrigen Ansicht ausgeht, als seien bei allen Frakturen, die sie als Unfälle gelten läßt, die im Körper selbst durch Muskelaktion entstandenen Kräfte unwesentlich. Wir werden auch hierauf zurückkommen.

Innere Kräfte und Frakturen.
Bisher als wesensverschieden Angesehenes gehört zusammen.

Das bisher Ausgeführte bedeutet eine vollkommen neue Einstellung gegenüber der Entstehung der gewöhnlichen Frakturen. Hiermit rücken nämlich die meisten Fälle von Meniscusrissen, soweit sie durch einen einmaligen Akt

---

[1] *Schaer*, Der Meniskusschaden. Leipzig 1938, Georg Thieme.

hervorgerufen sind, ebenso die seltenen Fälle von Entstehung freier Gelenkkörper durch einen einmaligen Akt, die Fraktur des Kahnbeins, die seltenen Frakturen des Mondbeins durch einen einmaligen Akt, alle die sog. Frakturen durch Muskelzug usw., in dieselbe Klasse ein, in die auch die meisten der gewöhnlichen, längst bekannten schulmäßigen Frakturen gehören! Die meisten Gelenkbinnenfrakturen nehmen also gegenüber jenen gewöhnlichen Frakturen überhaupt keine Sonderstellung ein. Damit ist die ganze unklare Gruppe der körpereigenen Frakturen in dem bisher gebrauchten Sinne als selbständige Gruppe erledigt.

Ursprung der inneren Kräfte und wie es kommt, daß sie im Körper Zerstörungen herbeiführen können.

Es erheben sich sofort 2 Fragen: ,,Woher kommen denn plötzlich die ungeheuren Kräfte, die die Muskeln anläßlich einer Fraktur erzeugen?" Und: ,,wenn sie etwa normalerweise schon tätig sind, warum entfalten sie denn unter bestimmten Umständen eine zerstörende Kraft?"

Die erste Frage ist sehr leicht zu beantworten: Die großen Kräfte, die die Muskeln aufbringen, sind bei jeder energischen Bewegung des Körpers vorhanden. Es ist nachgewiesen worden[1], daß bei einer sehr intensiven Anstrengung die Kraft, mit der die Kniescheibe gegen den Oberschenkel gedrückt wird, die beängstigende Höhe von 2000 kg, ja noch mehr erreichen kann! Passiert dabei nichts, wie das die milliardenfache Regel ist, dann merken wir von dieser Kraft nichts. Nur wenn etwas passiert, d. h. wenn z. B. eine Fraktur der Kniescheibe entsteht, dann merken wir etwas von der Existenz dieser Kräfte.

Das hat nichts Verwunderliches. Der Luftdruck z. B. lastet auf unserem Körper in Höhe von vielen tausend Kilogramm. Für gewöhnlich merken wir davon nichts, weil sich die Kräfte das Gleichgewicht halten.

Und wie kommen nun die seltenen Vorkommnisse zustande, bei denen etwas passiert? Normalerweise steht der Ablauf all unserer Bewegungen vollständig unter der Kontrolle des Nervensystems, angefangen von der mehr oder weniger bewußten Tätigkeit des Gehirns bis hinunter zu den rein reflektorischen Funktionen der untersten Organe des Nervensystems. Und zwar sind es keineswegs bloß die zentrifugalen motorischen, sondern ebenso sehr die zentripetalen Funktionen des Nervensystems, welche zusammen die Kontrolle beim Ablauf der Bewegungen ausüben. Bei allen körpereigenen Frakturen — jetzt

---
[1] Vgl. *Burckhardt*, Bruns Beitr. **130**, H. 1, S. 165 (1923).

in unserem Sinn gemeint — ist es so, daß das Nervensystem an irgendeiner Stelle eine nicht ausreichende Kontrolle ausübt, eine Kontrolle, die nicht genügt, einen Schaden zu verhüten (wofern nicht der Fall so liegt, daß der Eintritt des Schadens, wie schon erwähnt, das geringere Übel darstellt, vermöge dessen ein größeres verhütet wird). Im weitesten Sinn gilt das ebensosehr für den Fall, wo jemand einen Sprung tut, dabei mit dem **Fuß falsch aufsetzt und sich die Knöchel bricht**, wie für den Fall, wo jemand bei Absprung durch Aktion seiner Wadenmuskulatur seinem hinteren **Fersenbeinfortsatz zu viel zumutet**, wie für den Fall, wo jemand eine gewaltsame Abwehrbewegung oder eine Fluchtbewegung im Sinne von *Bürkle-de la Camp* macht und sich einen **medialen Meniscus zerreißt**; nur daß in den verschiedenen Fällen verschiedene Apparate des Nervensystems sich der Kontrolle nicht gewachsen zeigen.

Nicht darüber muß man sich wundern, daß die Kontrolle von seiten des Nervensystems gelegentlich mal versagt — wäre das nicht der Fall, würde eine gewaltige Zahl von Frakturformen nicht möglich sein (dafür freilich gelegentlich andere, noch unangenehmere Dinge entstehen), sondern darüber, daß diese Kontrolle von der Natur so vortrefflich eingerichtet ist, daß die Zahl der Frakturen, verglichen mit der Zahl der Fälle von Betätigung der Muskulatur, verschwindend gering ist.

Jede Einrichtung, auch die beste, erweist sich in einem gewissen Prozentsatz der Fälle, nämlich dann, wenn eine Anzahl von Umständen in ungünstiger Weise zusammentreffen, als nicht ausreichend, **und dann ist der „Unfall" da**. Je besser die Einrichtung ist, um so geringer ist der Prozentsatz der Unfälle. Aber auch die beste kann einen letzten Rest nicht verschwinden machen. Unter solchen Umständen sind die Unfälle **nichts von außen Hereingetragenes**, sondern etwas, was in der Unvollkommenheit der Einrichtung selber liegt. Die Kontrolle von seiten des Nervensystems gegenüber den Bewegungen des Körpers ist durchaus vergleichbar der Rolle, die die Verkehrspolizei und die Verkehrsordnung gegenüber dem Straßenverkehr spielt. Je besser diese sind, um so weniger Unfälle, aber niemals keine mehr. Wie hier, so ist es auch bei den Frakturen, besonders auch denjenigen, bei denen der Konflikt mit der Außenwelt nicht sinnfällig in die Erscheinung tritt: ein gewisser Prozentsatz von Fehlleitungen liegt in der Natur der Sache, **kommt zustande, ohne daß etwas Krankhaftes, Anormales, Minderwertiges gegeben ist**. Überlegt man sich das alles, so muß die Anschauung als höchst naiv bezeichnet werden, daß die Vollkommenheit des menschlichen Organismus jegliche Fehlfunktion (jegliches Versagen) des Bewegungsmechanismus ausschließt und infolgedessen solche Traumen nicht vorkommen können, die lediglich Folgen einer Fehlfunktion des Bewegungsmechanismus sind. Leute, die diese Anschauung haben, müssen immer nach irgendeiner geheimnisvollen Ursache suchen, die von außen kommt oder die in einer vorhandenen Minderwertigkeit des Materials besteht. Sie finden natürlich in den Regelfällen nichts und beruhigen sich erst, wenn sie auf Grund von Ausnahmefällen eine Teilursache, wie Konstitution, Wachstumsstörung, endokrine Störung usw., glücklich ans Licht gezerrt haben, von denen in den Regelfällen weit und breit nichts zu finden ist.

Unphysiologische Bewegungen.

Vielfach hat man für mechanisch bedingte innere Schäden unphysiologische Bewegungen als Erklärung herangezogen. Natürlich kann man solche Bewegungen unphysiologisch nennen, die einen Schaden anrichten. Aber damit ist nichts zu erklären. Die Bewegung erweist sich erst dann als unphysiologisch, wenn sie den Schaden angerichtet hat. Aber warum ist sie das eine Mal physiologisch und das andere Mal nicht? Richtig ist vielmehr zu sagen: Die Bewegungen im einzelnen sind immer physiologisch, **nur das Zusammenspiel ist fehlerhaft geleitet.**

Plötzlichkeit mit der Bewegung.

Vielfach wird als eines der Kriterien, für unfallsweise Entstehung von akut traumatischen Gelenkschäden, Plötzlichkeit der Bewegung angeführt. Mit Plötzlichkeit ist gar nichts Unterscheidendes gesagt, denn bei allen Bewegungen, auch den normalen, kontrahieren sich die Muskeln plötzlich.

Zusammenfassung.

Wir dürfen also als ganz sicher folgendes feststellen:

Ein sehr großer Prozentsatz von Frakturen, d. h. fast alle die gewöhnlichen schulmäßigen Frakturen, entstehen unter wesentlicher Mithilfe des Umstandes, daß die Kontrolle unserer Bewegung von seiten des Nervensystems sich als unzureichend erweist und daß hiermit die Muskelaktion falsch geleitet wird und dadurch eine zerstörende Wirkung ausübt, wenigstens bei der Zerstörung mithilft. Wieviel dabei äußere Einwirkungen oder besondere pathologische Zustände des beanspruchten Materials als Mitursache wirksam sind, ist wohl für den einzelnen Fall wichtig, aber nicht für die hier notwendige allgemeine Betrachtung.

Jede mechanische Einwirkung wird durch eine mechanische Kraft verursacht.

Bei jeder mechanisch bedingten Schädigung der Körpergewebe muß eine mechanische Kraft ursächlich im Spiele sein. Man scheut sich fast eine solche Selbstverständlichkeit auszusprechen. Der Satz ist ebenso tiefsinnig wie der des Inspektors Bräsig in *Reuters* Stromtid: Die Armut kommt von der Poverté. Trotzdem werden von manchen Seiten aus jener Banalität nicht die nötigen Konsequenzen gezogen.

Es handelt sich immer um die höchst einfache Angelegenheit, daß die Widerstandsfähigkeit des mechanisch beanspruchten Gebildes der Beanspruchung nicht gewachsen ist. Jede Fraktur, jeder Riß, jede Abnützung ist eine Überbeanspruchung durch eine mechanische Kraft. Anders gesagt, alle diese Vorgänge oder Zustände sind hervorgerufen durch ein Mißverhältnis von Widerstandsfähigkeit des Materials und seiner mechanischen Inanspruchnahme. Es handelt sich also immer in erster Linie darum, zu sehen, woher die überbeanspruchende Kraft kommt. Erst in zweiter Linie steht die Suche nach etwaiger Minderwertigkeit des Materials. Denn auch bei der Minderwertigkeit des Materials geht es nie ohne die überbeanspruchende Kraft.

Jede Abnützung, soweit sie nicht durch biologische, chemische, thermische usw. Vorgänge bedingt ist, jede kleinste Kontinuitätstrennung desgleichen, jede gröbere Fraktur, jeder Riß ist durch mechanische Kräfte verursacht. Das ist auch das ganze Geheimnis der Entstehung der Meniscusschäden, mit denen wir es hier zu tun haben. Bezüglich dessen, wovon hier die Rede ist, stammen diese Kräfte, soweit sie körpereigene sind, wohl ausschließlich von der Muskelaktion. Die Einwirkung dieser im Sinne einer Überbeanspruchung kann schon bei jeder physiologischen Bewegung statthaben, natürlich besonders aber bei kraftvollen Bewegungen, weiter bei in oben ausgeführtem Sinn fehlgeleiteten Bewegungen, wo die Überbeanspruchung bald kleinere, bald größere Kontinuitätstrennungen hervorruft.

Dabei sind folgende Verhältnisse zu berücksichtigen: Es handelt sich zunächst um den Grad und die Ausdehnung des angerichteten Schadens, dann darum, ob eine Schädigung nur einmal auftritt oder öfter oder wie bei der physiologischen Abnützung sogar regelmäßig. Bei mehrmaligem Auftreten der mechanischen Schädlichkeit kann der Grad des Geschädigtwerdens wechseln. Es kommt aber ein sehr wesentliches Moment hinzu, worin sich das

Lebendige vom Toten unterscheidet. Jedes Geschädigtwerden löst im lebenden Körper Reparationsvorgänge aus. Ist die Art des Schadens entsprechend und sind genügend Ruhepausen gegeben, so wird der Schade kompensiert, unter Umständen überkompensiert. So ist es bei der physiologischen Abnützung, beim Training. Man sieht auch hier wieder, daß die mechanische Überbeanspruchung an sich nicht die Existenz eines körperfremden Prinzips zur Voraussetzung hat. **Überwiegt das Geschädigtwerden die Leistungsmöglichkeit der Reparationseinrichtungen, so tritt ein Dauerschade ein.**

Alle diese Dinge gelten wie für die übrigen unspezifischen Knochen- und Gelenkkrankheiten (freie Gelenkkörper, örtliche Knochenmalacien, Chondrolyse der Kniescheibe, Bänder- und Sehnenschädigungen, Frakturen, Umbauzonen, Pseudarthrosen, Coxa vara usw.) auch für die Menisken.

Anwendung auf die Meniscusschäden.

Die Widerstandsfähigkeit der Menisken ist sehr groß, ihre Reparationsfähigkeit verhältnismäßig gering. In der Jugend reichen diese beiden Eigenschaften für gewöhnliche Ansprüche aus, je älter der Mensch wird, um so ungenügender werden sie. Die Folgen davon sind die zuerst ausführlich von *Tobler* nachgewiesenen Entartungserscheinungen.

Ist einmal ein Dauerschade entstanden, einerlei, ob groß oder sehr klein, so ist der Meniscus, falls die gleiche Kraft wieder einwirkt, mehr gefährdet durch diese als das vorhergehende Mal, besonders als das erstemal. Der erste Schade ist in der Tat oft vielfach entscheidend. Es ist für unsere Betrachtung einerlei, welche ursächlichen Momente bei der Entstehung eines Meniscusschadens dieser Art sonst noch vorhanden gewesen waren, ob neben den mechanischen Einflüssen noch biologische (wie das Altern oder gewisse Wachstumszustände) oder pathologische Dinge mitgespielt haben. Das Verbindende bleibt immer die Einwirkung mechanischer Kräfte, die bei den Menisken in den meisten Fällen von der Muskelaktion herrühren. Treten örtlich außergewöhnliche Kräfte in Wirksamkeit, wie bei den erörterten Fehlfunktionen, so kommen meist irreparable mechanische Schädigungen zustande. Auch diese Kräfte können, im Wiederholungsfalle vermehrt, schädlich wirken. Dabei mag es sich immer noch um Schäden handeln, die nur mit dem Mikroskop wahrzunehmen sind, die sich makroskopisch erst nach vielfacher Summierung wahrnehmen lassen. Von diesen kleineren Schäden bis zu den gröberen und ganz groben

Verletzungen durch stärkere Kräfte bis zu den allergröbsten Rissen ist nur ein gradueller Unterschied. Immer tritt auch beim Meniscus der Schade ein, wenn ein **Mißverhältnis zwischen der Widerstandsfähigkeit des Gewebes, so wie es gerade ist, und seiner Beanspruchung durch mechanische Gewalt** besteht.

Bekanntlich gibt es Berufe, wie in den letzten Jahren sich ergeben hat, in denen sich die Folgen der Häufung kleiner und unvermerkt verlaufender Traumen an den Menisken regelmäßig finden. Es soll besonders die Arbeit in einer zwanghaften knienden Stellung sein, die dies verursacht (Bergleute, Bodenleger, Gärtner). Hier handelt es sich aber **nicht um ein chronisches Trauma, sondern um die Häufung kleiner und kleinster Traumen.** Aber der Mechanismus, nach dem diese Traumen erfolgen, ist vielfach derselbe wie bei den großen offenkundigen, nämlich Quetschung durch die Zange der beiden großen Knieknochen. Das wird auch von *Kallius* betont, auch *Schaer* (S. 19 seines Buches) erkennt dies an.

Sogenannte traumatische und spontane Meniscusschäden.

Bezüglich der Meniscusschäden — das gleiche hat sich aber auf all den ebengenannten Gebieten in fast derselben Reihenfolge wiederholt — hat man ursprünglich in dem richtigen Gefühl, daß es sich hier nur um wesentlich mechanisch hervorgerufene Schäden handeln könne, den **Fehler** gemacht, zu sagen, sie seien alle **traumatisch bedingt**, wobei man unter traumatisch eine wesentliche Schädigung durch einen **einmaligen Akt**, also meist anläßlich eines Unfallereignisses, meinte. Das letztere erwies sich als unrichtig, z. B. bei den Menisken, seit man die Entartungserscheinungen kennengelernt hat, die nachgewiesenermaßen älter waren als das Unfallereignis. Diesen Fehler hat man in der Weise korrigiert, daß man einteilte in traumatische Fälle und spontane Fälle. Als dritte Kategorie kamen dann noch die spontan-traumatischen Fälle hinzu.

Heute müssen diese Bezeichnungen als nicht mehr zweckmäßig angesehen werden. Und hier berühren wir einen sehr wichtigen Punkt der „halbmondförmigen Wissenschaft" (was natürlich wieder für alle anderen obenerwähnten analogen „Krankheiten" gilt). Die **Bezeichnungen erwecken den Anschein, als handele es sich bei den 2 Kategorien um grundsätzlich verschiedene pathologische Dinge und bei der dritten um eine Kombination der beiden ersten wesensverschiedenen Kategorien**. Natürlich bestehen wichtige Unterschiede. Diese liegen aber nicht darin, daß die prinzipielle Entstehung durch mechanische Überbeanspruchung, also vorwiegend in Form eines Traumas (über den Sinn von Trauma hier s. u.) bei beiden verschieden wäre, sondern in dem Grad, der Zahl, der wesentlichen Bedeutung eines oder mehrerer Traumen für die Entstehung des fertigen Schadens. **Es ergibt sich, daß hier überhaupt weniger ein pathologisches, sondern ein unfallbegutachtungs-technisches Problem vorliegt. Denn das Grundsätzliche des pathologischen Problems ist schon mit dem Satz gegeben, jeder Meniscusschade (soweit** er hier interessiert) **ist Folge einer mechanischen Überbeanspruchung.**

Trauma, Kraft, Unfallereignis, Schade.

In der Unfallbegutachtung wie in der übrigen medizinischen Wissenschaft werden immer noch 3 Dinge nicht scharf unterschieden, nämlich:

1. das (örtliche) Geschädigtwerden durch die mechanische Gewalt, richtiger: durch die mechanische Kraft. Hierfür möchte ich das Wort Trauma vorbehalten wissen. Ich habe immer bedauert, daß mir kein geeignetes anderes Wort einfallen wollte. Denn das Wort Trauma ist im heutigen Sprachgebrauch, eben weil es mehrdeutig ist, bereits anderwärts vergeben. Das Wort Geschädigtwerden ist zu schwerfällig, das Wort Verletzung zu unbestimmt. Im Sprachgebrauch besteht die verheerende Tatsache, daß das Wort Trauma in drei verschiedenen Bedeutungen wahllos gebraucht wird, wodurch die gröbsten Mißverständnisse entstehen. In dem hier vorgetragenen Sinn ist das Geschädigtwerden, die Gewebsverletzung, das Trauma etwas **Pathologisches**,

2. die einwirkende Gewalt oder **Kraft**, das ist etwas **Physikalisches**,

3. das **Unfallereignis**. Es ist der äußere, äußerliche Hergang, anläßlich dessen eine Gewebsverletzung, ein **Trauma sich ereignet oder ereignen kann.** Je nach Eignung des Beobachters, enthält seine Schilderung bald weniger, bald mehr unwesentliche Einzelheiten, läßt immer die Angabe wesentlicher Einzelheiten vermissen, nicht bloß weil der Beobachter oft nicht weiß, worauf es ankommt, sondern weil es überhaupt unmöglich ist, alle wesentlichen Einzelheiten festzuhalten. **Bisweilen werden zum Unfallereignis noch seine nächsten Folgen gerechnet.**

4. könnte man noch für Zwecke der Unfallbegutachtung anführen den **Schaden**, das sind die Folgen des Traumas, wie sie bestehen zur Zeit, wo man diese betrachtet, also besonders zur Zeit der Begutachtung.

Es ist klar, daß der Durcheinandergebrauch des Wortes Trauma wahllos für 1 bis 3 Quelle von Mißverständnissen sein muß. Es ließen sich Hunderte von Beispielen aus wissenschaftlichen Arbeiten und Gutachten anführen, wie gänzlich verschieden das Wort Trauma bald im Sinne von 1., bald im Sinne von 2., bald im Sinne von 3. gebraucht wird. Nicht bloß, daß 2 Autoren oder Gutachter sich bitter befehden, von denen der eine das Wort in einem, der andere das Wort in anderem Sinne meint; sogar innerhalb ein und desselben Gutachtens, ein und derselben wissenschaftlichen Arbeit kann man finden, daß das Wort Trauma kunterbunt durcheinander gebraucht wird, ohne daß der Autor das überhaupt merkt. Natürlich ist es ihm dann leicht, auf diese Weise die verblüffendsten Theorien aufzubauen. Was dabei aber am Ende herauskommt, kann sich jeder denken.

Ich will nur folgendes zur Beleuchtung des Gesagten anführen. Ein Autor schreibt: „In solchen Fällen (Meniscusschäden), in denen das äußere Trauma gegenüber dem körpereigenen Trauma gering ist oder kaum in die Erscheinung tritt, fehlen naturgemäß im klinischen Befund irgendwelche äußeren Verletzungserscheinungen (Hautschürfungen)." Hier ist Trauma im Sinne von 2. gemeint. Ein anderer Autor schreibt: „Nur wenn Pat. ein schweres Trauma erlitten hat, kann ein Meniscusschade als Unfall anerkannt werden." Hier ist Trauma gemeint im Sinne von 3., Unfallereignis. Wieder ein anderer schreibt: „Pat. hat ein schweres Trauma erlitten, nämlich eine Oberschenkelfraktur." Hier ist Trauma im Sinne von 1 gemeint, also so, wie es nach unserer Darstellung zweckmäßig erscheint. Bei der Einteilung der Meniscusschäden in traumatische und spontane wird das Wort Trauma jedenfalls nicht im Sinne von 1, sondern im Sinne von 3 oder von 3 und 2 gebraucht.

Auf dem unklaren Begriff, der mit dem Wort Trauma verbunden wird, beruht meines Erachtens auch die folgende Bemerkung von *Schaer* in seinem Buch über den Meniscusschaden (S. 114). Da von meinen vielen Arbeiten über dieses und verwandte Gebiete nur eine Diskussionsbemerkung von mir im Kongreßbericht, Archivband 177, zitiert ist, muß ich annehmen, daß diese es ist, welche *Schaer* in folgenden Worten angreift: „Es ist meines Erachtens unlogisch, zwischen traumatischem und nichttraumatischem Unfall zu unterscheiden, weil letzten Endes doch alle Ereignisse, die als Unfall angesprochen werden müssen, zugleich Traumen darstellen." Ich soll also etwas gesagt haben, was darauf hinausliefe, daß es einen nichttraumatischen Unfall gebe. (Es handelt sich hier nur um mechanisch bedingte Traumen.) Wo habe ich je so etwas behauptet? Kurz vorher sagt *Schaer* ganz richtig: „Wir verwenden das Wort Trauma vorwiegend als Bezeichnung für den schädigenden Vorgang, indem wir von Kältetrauma, chemischem Trauma, Infektionstrauma, psychischem Trauma usw. ... sprechen ..." Hier ist also Trauma gebraucht in unserem Sinn wie unter 1. Bei *Schaers* Kritik bezieht sich aber, wenn diese überhaupt mit meiner Diskussionsbemerkung etwas zu tun hat, traumatisch oder nichttraumatisch auf das Unfallereignis. Das geht auch aus dem Nachsatz hervor: „Weil letzten Endes doch alle Ereignisse, die als Unfälle angesprochen werden müssen, zugleich Traumen darstellen." Hier ist also das Wort Trauma plötzlich im Sinne von Unfallereignis gebraucht. Offenbar läßt überdies *Schaer* als Unfallereignisse nur solche gelten, die äußerlich dramatisch verlaufen. (Daß man damit nicht weiter kommt, dürfte aus den in diesem Aufsatz gemachten Ausführungen zur Genüge hervorgehen.) Wenn *Schaer* in seiner Kritik fortfährt: „Gerade der Begutachter muß in dieser Beziehung, besonders im Hinblick auf die Meniscusschäden klar sehen", so kann ich ihm darin nur beistimmen und wünschen, daß er das selber beherzigen möge. Am Ende des mir gewidmeten Absatzes sagt *Schaer*: „Eine Diskussion hierüber einfach mit einem Kraftausdruck abbrechen zu wollen, erscheint mir nicht angängig." Mir auch nicht, aber wo findet sich ein solcher Kraftausdruck in meiner Diskussionsbemerkung?

Wann wird man sich endlich entschließen, die drei genannten Dinge auseinanderzuhalten? Freilich wird das nicht abgehen, ohne daß man bequeme und liebgewordene Gewohnheiten aufgibt. Aber die „Meniscusfrage" würde sofort an Klarheit bedeutend gewinnen!

Unfallereignis und Trauma gehen nicht kongruent.

Die ganz neue Perspektive, die sich uns aus der Betrachtung der Meniscusschäden und der anderen verwandten obenerwähnten Schäden eröffnet hat, ist neben dem körpereigenen Trauma, das schon behandelt ist, das folgende, was mit ersterem im Zusammenhang steht.

Ehe man sich eingehend mit solchen Schäden, wie speziell den Gelenkbinnenverletzungen, beschäftigt hat, hat man stillschweigend dem Glauben gehuldigt, daß das Unfallereignis, also das äußere Geschehen, stets einen brauchbaren Rückschluß auf das innere Geschehen, also das Zustandekommen der örtlichen Verletzung, wie ich sage, des Traumas, erlaubt. Daher rührt ja eben auch der verhängnisvolle Durcheinandergebrauch des Wortes Trauma! Seit wir zu der Erkenntnis gekommen sind, daß auch bei einem unerheblichen Unfallereignis eine erhebliche Binnenverletzung[1], also ein erhebliches Trauma zustande gekommen sein kann (besonders weil die Traumen vielfach körpereigen sind), haben sich die Dinge vollständig geändert. **Das bedeutet nichts mehr und nichts weniger, als daß die ganze Unfallwissenschaft sich auf diese Dinge umstellen muß.** Das Trauma ist natürlich immer dann erheblich, wenn es erhebliche Folgen in Form eines erheblichen Schadens hat. Dabei kann das Unfallereignis unerheblich sein. Es kann sogar ganz fehlen. **Das äußere Drum und Dran, der mehr oder weniger dramatische Verlauf des Unfallereignisses ist also nicht in jedem Fall ein Maßstab für die Erheblichkeit des anläßlich des letzteren eingetretenen Traumas**, ebenso wie der stattgehabten

---

[1] Richtiger aber scheußlich ausgedrückt: ein erhebliches Binnenverletztwerden.

physikalischen Kraft, die das Trauma verursacht hat. Nicht bloß, daß die kleinen und kleinsten Verletzungen, bis hinunter zur Abnutzung, schon wegen ihrer geringen Ausdehnung keine Symptome nach außen machen (diese sind ja unfalltechnisch als Einzelvorkommnisse betrachtet sowieso belanglos), sondern die Art des Geschädigtwerdens durch mechanische Kräfte, die von der Muskelaktion stammen, lassen es zu, daß erhebliche Traumen entstehen anläßlich von Unfallereignissen, die äußerlich unerheblich sind. Ferner aber: die Möglichkeit, daß auf diesem Wege durch Wiederholung kleiner oder größerer Gewalteinwirkungen, die äußerlich nicht in Erscheinung treten, infolge ihrer Summierung schließlich beachtliche Schäden entstehen, die die Funktion schwer hemmen, ist eine wesentliche neue Erkenntnis. (Der Ausdruck chronisches Trauma trifft, wie schon gesagt, nicht das Richtige.) Ich habe hier von larvierten oder unvermerkten Traumen gesprochen. Das sind solche inneren mechanischen Verletzungen, die nach außen wegen ihrer Kleinheit oder wegen besonderer äußerer Umstände (z. B. als Nebenverletzung bei einem ganz schweren Unfallereignis) oder wegen mangelnder sensibler Versorgung des betroffenen Teiles gar nicht sich offenbaren oder nur so wenig, daß ihre äußere Wirkung übersehen oder vergessen wird. Bei Nervenstörungen, wie sie z. B. bei der Tabes vorliegen, können auch sehr grobe Traumen unvermerkt entstehen, weil hier einesteils die Schmerzempfindung, anderteils die Steuerung der Bewegungen durch sonstige zentripetale Signale nicht vorhanden ist, also sehr wichtige Bedingungen zu Fehlfunktionen gegeben sind. (Dabei soll nicht darüber entschieden werden, ob nebenbei bei Tabes noch eine verminderte Widerstandsfähigkeit des beanspruchten Materials, also erhöhte Knochenbrüchigkeit, vorliegt.) Solche larvierten, unvermerkten Traumen, sei es ein einzelnes oder wie meist eine ungezählte Reihe sehr kleiner, oder der Wechsel einer großen Reihe kleiner mit einem oder mehreren größeren sind die Ursache für die gewöhnlichen Formen der Meniscusentartung, ebenso wie für die Schäden bei den anderen verwandten „Krankheiten", die mehrfach hier schon nebenbei erwähnt worden sind. Die Bedeutung dieser Traumen können wir nur erfassen, wenn wir als Grundlage des körpereigenen Geschehens uns erinnern. Wenn hierbei große Traumen, wie eine Torsionsfraktur des Oberschenkels, entstehen können, so muß erwartet werden, daß der Reihe nach auch kleinere und kleinste Verletzungen, von denen die meisten dann eben unvermerkte Traumen sind, auf diesem Wege zustande kommen können. Dabei soll durchaus nicht verkannt werden, daß solche unvermerkten Traumen auch unter entscheidender Mithilfe einer äußeren Gewalt entstehen können, z. B. eine Verstauchung des Speichenköpfchens, ein Einbruch einer Deckplatte des Wirbelkörpers usw.

Wenn *Linde* sagt: „die Häufung und das Nichtbewußtwerden (kleiner Traumen) halte ich für unmöglich, weil auch die kleinen Traumen Schmerzen verursachen müssen", so kann ich ihm nicht helfen. Die Spuren der kleinen unvermerkten Traumen, auf die wir stoßen, sind so hundertfältig, daß ich nicht verstehe, wie man sie übersehen mag. Im übrigen spricht *Linde* viel von getarnten Unfällen. Was ist die Tarnung anderes als das, daß die Traumen nicht in die Erscheinung treten oder nicht bewußt werden? *Linde* hat manche interessante Gedanken, so über das Verhalten des Meniscus gegenüber mechanischen Einwirkungen vorgetragen, z. B., wenn er sagt, beim Meniscus, überhaupt bei sehr festen Körpern rücke die Elastizitätsgrenze sehr nahe an die Grenze der Bruchfestigkeit heran. Es ist aber nicht einzusehen, warum *Linde*, wie er das tut, hier einen grundlegenden Unterschied macht zwischen „Übernützungs- und Verletzungsfolgen" (soll wohl heißen, Folgen von kleinen Traumen). Ein Organ, das durch mechanische Überbeanspruchung kleine Traumen erlitten hat, kann sehr wohl als abgenützt bezeichnet werden, wenn es das Opfer vieler solcher kleiner Traumen geworden ist.

Das zweite grundsätzliche Neue, zu dem wir zwangsläufig durch die Betrachtung der Meniscusverletzungen und verwandter Krankheiten geführt werden, und was uns deren genetische Eigenart erklärt, ist also das, daß mechanische Schädigungen vorwiegend als Folgen der Muskelaktion, ausnahmsweise überwiegend durch äußere Kraft, im Körper zustande kommen können und massenhaft zustande kommen, ohne daß wir davon nach außen hin eine adäquate Kenntnis, ja ohne daß wir wie bei ganz kleinen Schäden überhaupt eine Kenntnis nach außen erlangen.

Trauma und Unfall.

Wenn nun bei Meniscusschäden und verwandten Krankheiten alles mechanisch bedingt, alles traumatisch, alles der Genese nach identisch ist, bedeutet das nicht das Ende der Unfallbegutachtung?

Wenn man die neuesten Arbeiten *Lindes* liest, so scheint das in der Tat so. *Linde* hat in seinen Arbeiten sicher viel Gutes gebracht. Er hat besonders das Verdienst, mitgeholfen zu haben, daß die Anschauung sich Bahn gebrochen hat, daß das Unfallereignis nicht kongruent geht mit dem Trauma, das anläßlich des ersteren erfolgt. Freilich haben schon lange vor ihm andere das Wesentliche dieser Gedanken und dies viel klarer vorgetragen. *Linde* selber ist nun aber, sehr zum Schaden für die Anerkennung, die er sonst verdiente, gerade bezüglich des Begriffs des Unfalls ins Uferlose abgeglitten.

Lassen wir der Einfachheit halber alle anderen Traumen, wie solche, die durch chemische, thermische, aktinische Kräfte hervorgerufen sind, beiseite (der Begriff des Unfalls ließe sich leicht auch auf sie ausdehnen), so könnte man den Unfall folgendermaßen bestimmen. Ob diese Begriffsbestimmung sich praktisch bewähren wird, ob sie für gewisse Fälle nicht abgeändert werden muß, wird die Zukunft ergeben. Jedenfalls scheint sie hier für den Augenblick nützlich zu sein.

Unfall ist ein Geschädigtwerden des Gewebes, das wesentlich verursacht ist durch eine einmalige (mechanische) Gewalteinwirkung, die anläßlich eines bekannten Unfallereignisses stattgehabt hat. (Es bleibt dabei außer Betracht, daß das RVA. dem Einmalig eine sehr weite wohlwollende Ausdehnung z. B. über eine ganze Arbeitsschicht gegeben hat. Das läßt sich leicht sinngemäß erweitern. Der Zusatz, daß für die Unfallbegutachtung ein entschädigungspflichtiger Unfall nur dann gegeben ist, wenn sich der Unfall im Betrieb ereignet hat, gehört nicht in unsere Definition.)

Dies bedeutet also folgendes: die übergroße Mehrzahl aller Traumen, nach unserer Definition also die milliardenfache Überzahl, sind keine Unfälle. Alle die kleinen Verletzungen (Schädigungen, Traumen) scheiden schon deswegen aus, weil sie jeder für sich keinen ins Gewicht fallenden Schaden verursachen. Der Nachdruck liegt auf „wesentlich verursacht" und auf „einmalig". So ganz einfach ist es nicht zu sagen, was heißt „wesentlich verursacht"?

Wenn ein endokrin belasteter junger Mensch über einen schmalen Graben springt und sich dabei seine Oberschenkelepiphyse abbricht, wenn ein Mensch, dessen Oberschenkelknochen durch ein Sarkom angefressen ist, einen Stuhl besteigt und sich dabei seinen Oberschenkel vollens durchbricht, so sind diese Tätigkeiten in beiden Fällen nicht gleichgültig. Auch die anläßlich ihrer entstandenen Traumen sind für den Träger sehr wesentlich. Denn von Stunde an kann er nicht mehr auftreten. Ich habe nie verstehen können, wenn ich in einem Gutachten ohne nähere Erläuterungen las, es sei da etwas Unwesentliches passiert, oder schlechthin, der Sprung über den Graben, das Besteigen des Stuhls sei nicht die Ursache der Fraktur. Unter „wesentlich verursacht" durch eine Gewalteinwirkung anläßlich eines bekannten Unfallereignisses müssen wir verstehen: „wäre das Unfallereignis gerade in dem Augenblick und in der Form ausgeblieben, in denen es stattgefunden hat, so bestünde der zur Begutachtung stehende Schaden heute nicht." Umgekehrt: „das Unfallereignis im Sinne der Unfallbegutachtung ist unwesentlich, wenn die Dinge so liegen, daß der Schade mit überwiegender Wahrscheinlichkeit in derselben Wertigkeit heute auch dann bestünde, wenn nicht gerade das tatsächlich erfolgte Unfallereignis dazwischen gekommen wäre." Die Rechtfertigung ist die: rückblickend, also zur Zeit der Begutachtung, können und müssen wir sagen: **schon vor Eintritt des Unfallereignisses waren alle Bedingungen dafür gegeben, daß der Schade eintreten würde** — nicht gerade genau in der anatomischen Form und nicht gerade anläßlich des bestimmten Unfallereignisses, die im konkreten Fall gegeben sind, wohl aber (wenn es sich um Meniscusschäden handelt), der Meniscusschade schlechthin und ungefähr in demselben Zeitraum. Der Zustand des Organs, über dessen Schaden geurteilt werden soll, war schon vor dem Eintritt des Ereignisses so, daß zusammen mit der Gesamtsituation, in die der Verletzte schon damals hineingestellt sich befand (voraussichtlich Fortsetzung wie bisher der alltäglichen Verrichtungen und der beruflichen Tätigkeit) der Schade unvermeidbar war. Wie der Schade dann verwirklicht wird, daß er gerade damals endgültig wurde, **ist unwesentlich.**

Hier darf vielleicht angeführt werden, daß die mangelnde Widerstandsfähigkeit eines vorher schon geschädigten Meniscus nicht bloß darauf beruht, daß sein Gewebe wirklich soviel weniger fest ist, sondern auch darauf, daß er seiner Gestalt nach mehr Gelegenheit bietet, denselben mechanischen Einwirkungen, wie z. B. Einklemmung, leichter zum Opfer zu fallen als ein fest zusammenhängender normal angehefteter Meniscus. Der Mechanismus, nach dem ein gesunder Meniscus reißt, ist in der Regel der gleiche. Und ich glaube, es ist ein Irrtum anzunehmen, daß die Fasern eines bereits geschädigten Meniscus so sehr viel weniger fest sind als die eines gesunden. Sie werden nur einzeln sehr viel leichter von der Zange der großen Knochen erfaßt und als Einzelbündel leichter zerrissen. Ohne die großen, von der Muskelaktion stammenden Kräfte im Inneren des Kniegelenks würden auch die meisten schon geschädigten Meniscen nicht zum Zerreißen gebracht werden können (vgl. *Kallius*).

Wenn wir also ausreichende Gründe zu der Annahme haben, daß schon vor dem Unfallereignis ein Meniscus bereits so mangelhaft war (aus welchen Gründen, ob als Folge vorhergegangener Traumen, oder konstitutionell oder endokrin bedingt, ist einerlei), **daß er der zu erwartenden normalen Beanspruchung nicht mehr genügen würde, dann war, wie wir jetzt rückblickend sagen können, der Eintritt des Meniscusschadens, vielleicht nicht genau in der Form wie dieser heute ist, aber des Meniscusschadens schlechthin so, wie er für die Unfallbegutachtung in Frage kommt, unvermeidlich. Dann liegt kein Unfall vor.** Damit ist auch schon der Fall der „spontan-traumatischen" Entstehung erledigt.

Auch ein geschädigter Meniscus kann noch so sein, daß er beliebig lange Zeit seinen Dienst getan hätte, wenn nicht ein besonderes Unfallereignis dazwischen gekommen wäre. Das hat man ja gerade *Tobler* und denen vorgeworfen, die sich auf seine Untersuchungen stützten, daß jeder ältere Mensch einen Meniscusschaden haben müßte, wenn wirklich in jedem Fall die Entartung allein die Ursache des Meniscusschadens wäre. Dieses Dilemma ist also hiermit beseitigt.

An Stelle der Unterscheidung von traumatischen und spontanen Fällen muß die Unterscheidung treten: durch einen einmaligen Akt wesentlich verursachte traumatische Fälle und unvermerkt traumatisch entstandene Fälle, kürzer und etwas ungenauer: **akut traumatische und unvermerkt entstandene Fälle.** Damit entfällt, wie gesagt, die dritte, die „Verlegenheitskategorie" der „spontan-traumatischen" Fälle ganz von selber.

Andreesen[1] spricht von einmaliger Schädigung im Sinne des Sport- und Arbeitsschadens und von plötzlichen Beschädigungen durch eine von inneren Energien beeinflußte und von außen herangebrachte einmalige Übertreibung... Das nähert sich unserer Auffassung. Aber diese Fassung kommt noch nicht ganz von der Vorstellung einer Wesensverschiedenheit der beiden Formen los, die in der grundsätzlichen Verschiedenartigkeit des Entstehungsmechanismus gesucht wird. Statt dessen sollte das Gleichartige des Entstehungsmechanismus betont sein. Nur die verschiedenen Arten seiner Betätigung rufen die verschiedenen Formen hervor.

Ich habe alle diese Dinge schon im Jahre 1931 in 2 Aufsätzen ausgeführt: „Was hat man unter Trauma zu verstehen?" Dtsch. med. Wschr. **1931**, Nr 5 und „Was hat man unter Unfall zu verstehen?" Dtsch. med. Wschr. **1931**, Nr 8. Sie beziehen sich auf die Entstehung von Binnenstörungen überhaupt, einschließlich der Meniscusschäden. Leider muß ich die Feststellung machen, daß sie fast von niemanden gelesen worden sind. Oder vielleicht sind sie es doch, nur haben einzelne Autoren wohl vergessen, daß sie es gelesen haben, und später sind ihnen die dort entwickelten Gedanken als eigene wieder aufgegangen. Damals habe ich allerdings in die Definition von Unfall nicht den Zusatz aufgenommen: (Gewalteinwirkung, die) „anläßlich eines bekannten Unfallereignisses stattgehabt hat". Ich habe aber hinzugefügt, daß ein Unfall, von dem niemand etwas Näheres weiß, für die Unfallbegutachtung nicht in Betracht kommt. Das läuft natürlich auf dasselbe hinaus. Heute halte ich es für zweckmäßig, den genannten Zusatz in die Definition aufzunehmen. Das ist gerade der Punkt, über den *Linde* gestolpert ist. Ganz abgesehen davon, daß auf jeden Fall als Unfall nur ein Trauma gelten kann, das den Schaden wesentlich verursacht hat, also nicht alle kleinen unvermerkten Traumen, von denen allen *Linde*, wenn ich ihn recht verstehe, als Unfällen spricht; sondern man gerät darüber hinaus in die größten Schwierigkeiten, wenn man als Unfall auch ein solches Trauma gelten lassen wollte, von dem man zwar — etwa auf Grund eines autoptischen Befundes — sagen könnte, daß es einmal stattgefunden und daß es den Schaden wesentlich verursacht hat, von dem man aber nicht weiß, bei welchem äußeren Anlaß. Selbst wenn man mit großer Wahrscheinlichkeit annehmen darf, daß es bei einer der Versicherung unterliegenden Tätigkeit, und nicht etwa sonntags beim Fußballspiel entstanden ist, wie soll man sich helfen, wenn das Trauma inner-

[1] *Andreesen*, Meniscusbeschädigungen bei Sport und Arbeit. Erg. Chir. u. Orthop. **30**, 24 (1937).

Begutachtung im Rahmen der allgemeinen Unfallbegutachtung. 23

halb eines Zeitraums angesetzt werden muß, innerhalb dessen der Verletzte in verschiedenen Betrieben gearbeitet hat? Auch wenn sich der Gesetzgeber entschließen sollte, Mittel und Wege zu suchen, daß man über diese Schwierigkeiten hinwegkommt, würde das Fehlen einer Bezugnahme auf ein bestimmtes Ereignis unsere ganze bisherige Vorstellung über Unfall, wobei sich doch jeder ein bestimmtes äußeres Ereignis denkt, zunichte machen. Es heißt wohl von der Liebe:

"Kein Feuer, keine Kohle kann brennen so heiß,
wie heimliche Liebe von der niemand nix weiß."

Aber ein heimlicher Unfall, ein unbekannter Unfall, wie *Linde* sagt, von dem nicht einmal der Betroffene etwas weiß, will mir nicht in den Sinn.

Zwischenbemerkung. In der deutschen Unfallversicherung wird der Gesamtschaden entschädigt, wenn der Schaden durch den Unfall wesentlich verursacht worden ist, und zwar selbst dann, wenn auch andere Momente, wie ungenügende Konstitution, Folgen früherer Schädigungen ursächlich mitgewirkt haben. In der schweizerischen Unfallgesetzgebung (Art. 91a, nach *Schaer*) heißt es: „die Geldleistung der Anstalt wird entsprechend gekürzt, wenn die Krankheit, die Invalidität oder der Tod nur teilweise Folgen eines versicherten Unfalls sind". Diese Gesetzesbestimmung ist ohne näheren Kommentar nicht eindeutig. Zwei Beispiele: 1. Pat. hat eine Arthrosis deformans der Hüfte und erleidet einen Unfall, der die Hüfte betrifft. 2 Jahre später wird er begutachtet. Die Hüfte ist in der Zeit schlechter geworden. Das Tempo, in dem die Verschlechterung erfolgt ist, ist schneller, als es der natürlichen Weiterentwicklung der an sich fortschreitenden Arthrosis deformans entspricht. Vor dem Unfallereignis 10%, zur Zeit der Begutachtung 30%. Ohne das Unfallereignis bei dem anzunehmenden Tempo der Verschlechterung durch fortschreitende Arthrosis allein: 20%, also 10% auf Rechnung des Unfalls! Hier wird also entschädigt der Betrag an Verschlechterung, der durch das Dazwischenkommen des Unfalls bedingt ist. Hierzu reicht meines Erachtens die reichsdeutsche Praxis vollkommen aus. 2. Ein Mann mit einer ungewöhnlich dünnen Hirnschale (oder mit einem traumatischen Defekt des Schädels) bekommt einen sanften Schlag auf die schwache Stelle, er erleidet dadurch eine E. B. (bzw. Zunahme seiner E. B.) von 20%. Ohne das Unfallereignis wäre seine E. B. dieselbe geblieben wie vor dem Unfallereignis. Hier also die ganzen 20% auf Rechnung des Unfalls! Natürlich sind auch im Beispiel 2 die 20% E. B. Folge der Dünne (des Defekts) des Schädels. Würde also hier der § 91a der schweizerischen Unfallversicherung Platz greifen? Wenn ja, würde unsere ganze Unfallgesetzgebung auf eine völlig andere Basis gestellt. Man kann das gesetzlich bestimmen, muß sich aber die Konsequenzen klar vor Augen stellen. Sie sind sehr weittragend. Als Teilursache in den einzelnen Fällen müßten 100 Dinge diskutiert, die meisten abgelehnt, einige vielleicht anerkannt werden. Letzteres nach welchen Gesichtspunkten? Jede Konstitution ist eine Teilursache. Bei einem Meniscusschaden braucht als solche nur „Gelenkschwäche" angeführt zu werden. Wenn aber ein solcher Gelenkschwächling als Arbeiter in einem unfallversicherungspflichtigen Betrieb eingestellt wird, so muß der Betrieb das größere Risiko übernehmen. Will er das nicht, muß er den Arbeiter zurückweisen. Ich kann mir nicht vorstellen, daß eine Ablehnung der vollen Entschädigung des Unfalls zu einer zweckmäßigen Ordnung führt. Es will mir scheinen, daß die Schöpfer des § 91a der schweizerischen Unfallgesetzgebung sich des Unterschieds der Beispiele 1 und 2 nicht bewußt gewesen sind und eigentlich das Beispiel 1 im Auge gehabt haben. Dann ist aber der § 91a unnötig.

II. Praxis der Unfallbegutachtung der Meniscusschäden.
Besondere Schwierigkeiten.

Die Praxis der Unfallbegutachtung sieht sich nun ja bekanntlich ganz anders an und ist viel unbefriedigender. Bei den Meniscusschäden spielt sich alles im Innern des Körpers ab. Wie wir gehört haben, soll das Unfallereignis in vielen Fällen keinen ausreichenden Schluß erlauben darauf, was anläßlich seiner im Innern vor sich gegangen ist. Aber der Richter drängt uns Ärzte zu beantworten: liegt ein Unfall vor oder nicht? Der Verletzte muß entweder seine Rente bekommen oder nicht. Wir werden Dinge gefragt, die wir nicht wissen, die wir eigentlich mit dem besten Willen nicht beantworten können. Wie so oft muß der Arzt herhalten, wenn die anderen mit ihrem Witz zu Ende sind. Ihm wird gewissermaßen die Pistole auf die Brust gesetzt. Man verlangt eine Antwort: ja oder nein. Bekanntlich helfen wir Ärzte uns damit, und das ist von den Juristen zugelassen, daß wir uns so äußern: die größere Wahrscheinlichkeit spricht für ja, oder sie spricht für nein. Wie es in Wirklichkeit gewesen ist, muß uns dann bedauerlicherweise gleichgültig bleiben. **Ob ein Meniscusschade durch einen Unfall herbeigeführt worden ist oder nicht, wird also — heute in den meisten Fällen — nur dadurch zur Entscheidung kommen können, ob an der Hand des vorliegenden Materials ein ausreichender Beweis (im Sinne der größeren Wahrscheinlichkeit) — ein Indizienbeweis — möglich ist oder nicht. Ist der Indizienbeweis nicht möglich, so wird das Urteil ebenso lauten, wie wenn die Verhältnisse so sind, daß es direkt unwahrscheinlich ist, daß Unfall vorliegt. Das Urteil wird in beiden Fällen lauten: ein Beweis, daß Unfall vorliegt, ist nicht erbracht.**

Darum ist es ganz abwegig, wenn sich ein Gutachter, wie das oft geschieht, bläht und sagt: „es ist ausgeschlossen, daß dieser Meniscusschade durch einen Unfall hervorgerufen ist" oder umgekehrt. Auf einmal wird nachträglich eine neue Tatsache bekannt, die das ganze „Ausgeschlossen" über den Haufen wirft. Also etwas größere Bescheidenheit in der Ausdrucksweise! Ich kann mir nicht denken, daß dem Juristen diese zur Schau getragene Unfehlbarkeit imponiert.

Den im theoretischen Teil aufgestellten Grundlagen können wir leider im einzelnen meist nicht entfernt gerecht werden. Wir müssen uns darauf beschränken, unsere gutachtliche Praxis schlecht und recht auf diesen aufzubauen, dürfen jedenfalls uns mit ihnen nicht in Widerspruch stellen.

Entscheidung, ob Unfall bei vorher gesundem Meniscus vorliegt, auf Grund des Indizienbeweises.

Wir behandeln zunächst das Vorgehen in den Fällen, in denen ein autoptischer Befund durch eine Operation nicht vorliegt, in denen also die Entscheidung durch einen Indizienbeweis zu geschehen hat. Auch wollen wir zunächst von dem Fall absehen, wo der Meniscus schon vor dem Unfallereignis nicht normal war und trotzdem ein akut traumatisch bedingter Schade vorliegt (über diesen Sonderfall soll unten noch gesprochen werden).

Es gelten folgende Erfordernisse.

1. Es darf nichts bekannt sein, daß das Knie vor dem Unfallereignis schon gestört war. War das der Fall, so spricht die größere Wahrscheinlichkeit dafür, daß die anläßlich des Unfallereignisses erfolgte Gewalteinwirkung ursächlich unwesentlich war.

2. Bei dem Unfallereignis muß die überwiegende Wahrscheinlichkeit vorliegen, daß anläßlich seiner der Meniscus ursächlich wesentlich geschädigt worden ist.

3. Die Beschwerden, die sich an das Unfallereignis anschließen, müssen kontinuierlich in die übergehen, die jetzt bestehen und Erhebung der Rentenansprüche veranlassen (sog. Kontinuität der Symptome).

Niemals kann nur ein Erfordernis ausschlaggebend sein, es muß immer der Fall in seiner Gesamtheit betrachtet werden. Diese Erfordernisse gelten eben nur solange, als nicht eindeutigere Beweise möglich sind (vgl. besonders unten bezüglich der Operationsbefunde). Das gilt in gleicher Weise im zusagenden wie im ablehenden Sinn.

Bezüglich aller der drei ersten Erfordernisse gilt ein weiteres.

4. Das, was über die drei ersten Erfordernisse als wahr unterstellt wird, muß mit ausreichender Sicherheit feststehen. Es ist das ein Verlangen, was angesichts der Problematik der ganzen Materie unbedingt berechtigt ist. Wenn z. B. die Schilderung des Unfallereignisses sich im Laufe der Zeit in dem Sinne geändert hat, daß sie für die Anerkennung des ursächlichen Zusammenhangs günstiger ist, so dürfen die neuen Zutaten nur dann verwertet werden, wenn sie wirklich glaubwürdig sind; andernfalls müssen sie behandelt werden als existierten sie nicht. Das gilt nicht bloß für die Angaben des Patienten, sondern auch unter Umständen für späte Zeugenaussagen. Andererseits darf es auch nicht vorkommen, daß man beim Lesen eines Gutachtens den Eindruck bekommt, daß alle Widersprüche, in die sich der häufig recht ungewandte Verletzte verwickelt, von vornherein dazu verwandt werden, den Verletzten „abzusägen".

Meist handelt es sich hierbei um solche Punkte, die für die Anerkennung des ursächlichen Zusammenhangs sprechen, ausnahmsweise auch umgekehrt. So letzteres gleich bei dem 1. Erfordernis: vage Behauptung von irgendeiner Seite, der Verletzte habe schon früher über das Knie geklagt, ganz unbestimmte Notizen der Krankenkasse wie Rheuma, Entzündung am Knie usw., beweisen nicht, daß schon ein Meniscusschade vorgelegen hat, wohl aber: frühere Knieverstauchung, Einklemmung, plötzliche Schmerzen bei Bewegungen, Erguß, sichere öftere Klagen über Kniebeschwerden. Freilich muß auch hier eine gewisse Kontinuität der Beschwerden vorhanden sein. Liegen Angaben unbedeutenden Inhalts allzuweit zurück und ist in der Zwischenzeit nichts verlautet, so wird man sich überlegen müssen, ob das noch gegen den ursächlichen Zusammenhang verwandt werden kann.

Häufiger handelt es sich, wie gesagt, darum, daß mit genügender Sicherheit solche Angaben feststehen müssen, die im Sinne des ursächlichen Zusammenhangs zu verwenden sind. Das gilt besonders für das 2. Erfordernis.

Das schwierigste ist die Feststellung, ob das 2. Erfordernis erfüllt ist.

Zunächst handelt es sich darum, festzustellen, ob überhaupt etwas vorgekommen ist, einerlei, ob man sich dann, wenn diese Frage bejaht wird, dafür aussprechen wird, daß Unfall vorliegt oder nicht. Wenn bei der Schilderung des Unfallereignisses weit und breit vom Knie nicht die Rede war, so entfällt die Möglichkeit eines Beweises, daß anläßlich des Unfallereignisses der Meniscusschade zustande gekommen ist. **Ein Unfallereignis muß immer etwas Ungewöhnliches sein, in welches das angeblich zu Schaden gekommene Organ verwickelt ist.**

Wenn anläßlich eines schweren Unfallereignisses durch andere schwere Verletzungen (Schädeltrauma, schwerer Shock, schmerzhafte andere Verletzungen) die Aufmerksamkeit des Pat. und der beobachtenden Personen von einem etwa erfolgten Knietrauma abgezogen sein könnte, dann wird allerdings die Frage sein, ob andere Momente dafür sprechen, daß man, trotzdem das Knie bei dem Unfallereignis nicht erwähnt worden ist, annehmen soll, daß das Knie dabei wesentlich geschädigt worden ist.

Liegen nun über das Unfallereignis, anläßlich dessen das Knie getroffen ist, überhaupt diskutierbare Angaben vor, so beginnt die Hauptschwierigkeit. Sie besteht darin, zu entscheiden, ob die einzelnen Feststellungen über das Unfallereignis und seine unmittelbaren Folgen dafür sprechen, daß Unfall vorliegt oder nicht, d. h. also, um das nochmals zu sagen, daß durch die, anläßlich des Ereignisses einwirkende mechanische Kraft, der Schade wesentlich verursacht worden ist oder nicht. Dabei ist immer im Auge zu behalten, daß der Mechanismus in beiden Fällen, ob Unfall vorliegt oder nicht, grundsätzlich derselbe ist: der Meniscus gerät oder geriet irgendwie so zwischen die Knochenzange von Oberschenkel und Schienbein, daß er zerrissen oder zerquetscht wird.

Einmal kann das, wie *Wittek* ausgeführt hat, geschehen unter wesentlicher Mitwirkung **einer von außen kommenden Gewalt**, indem das gestreckte Bein eingeklemmt oder gewaltsam seitlich umgebogen wird. Hier wird die Anerkennung, daß es sich um einen akut traumatischen Fall handelt, also Unfall, keine Schwierigkeiten machen.

Die Schwierigkeiten beginnen da, wo die Einwirkungen der von außen kommenden Kräfte nicht im Vordergrund stehen, **wo die Muskelaktion den Schaden wesentlich verursacht.**

Soviel ich weiß, hat *Konjetzny* als erster den Mechanismus angegeben, der Platz greifen muß, wenn der Meniscus geschädigt werden soll. Der Unterschenkel geht aus Beuge- und Drehstellung unter Rückdrehung in Streckstellung über.

Ähnliche Mechanismen sind bezüglich der Schädigung der Gelenkoberfläche angegeben worden, die zur Bildung von Gelenkmäusen führt, so von *Rösner*, mir und anderen. Dies soll nur nebenbei erwähnt werden, um die Verwandtschaft der Entstehung der beiden Veränderungen zu zeigen.

Beim Verlassen der Beuge- und Drehstellung des Unterschenkels kann der Meniscus zwischen die Zange geraten. Wird die Streckbewegung vollendet, so ist ein Teil des Meniscus festgehalten durch den Kapselansatz, der andere durch die Zange, deren Angriffspunkt fortschreitet, und dazwischen entsteht der Riß. Es ist möglich, daß auch noch andere Mechanismen vorkommen, zumal wenn die Menisken bereits nicht mehr normal waren.

Regensburger hat 12 oder 13 verschiedene Typen des Vorgangs, der zu einem Meniscustrauma geführt hat, kasuistisch zusammengestellt. Ich glaube, sie lassen sich auf eine viel geringere Zahl von Typen zurückführen.

Da wir weder wissen, wie der Meniscus vor dem Unfallereignis war, ob etwa schon gelockert oder bereits zerrissen, da wir ferner die Einzelheiten, auf die es ankommt, d. h. den wirklich in Tätigkeit getretenen Mechanismus, fast nie rekonstruieren können, so müssen wir uns damit zufrieden geben, auf die spärlichen Indizien unsere Entscheidung aufzubauen.

Wenn auch die Erheblichkeit des Unfallereignisses nicht kongruent geht mit der Erheblichkeit dessen, was anläßlich seiner im Gelenk geschehen ist, **so ist doch der größere oder geringere Grad der Erheblichkeit des Unfallereignisses nicht bedeutungslos.**

Da so gut wie bei allen Bewegungen des Kniegelenks Beugungen, Streckungen, Drehungen vorkommen, ist hieraus nichts zu entnehmen. Damit also Unfall anerkannt werden kann, muß im allgemeinen mindestens verlangt werden, daß das Unfallereignis etwas Besonderes darstellt, daß es z. B. darauf schließen läßt, daß **eine außergewöhnliche Kraftentfaltung stattgefunden** hat. Dieses Verlangen ist deswegen zu stellen, weil sonst für gewöhnlich keine Beweismöglichkeit mehr vorliegt. Es können aber auch **unter gewissen Umständen**, aber eben nur unter gewissen Umständen, die Verhältnisse so liegen, daß trotz Fehlens der Äußerung einer außergewöhnlichen Kraftentfaltung **aus anderen Gründen** für den ursächlichen Zusammenhang entschieden wird.

Wenn ein Meniscusschade beim einfachen Gehen, oder wie ein Fall berichtet ist, bei einer ungeschickten Drehung im Bett, oder im Wasser beim Schwimmen entstanden sein soll, dann wird man ablehnen mit der Begründung, hier ist der Meniscus schon vorher abnorm gewesen, sonst hätte er sich höchstwahrscheinlich nicht einklemmen können. Ebenso erwähnt *Bürkle-de la Camp* Fälle wie den, wo ein Patient unter Tag mit der Fußspitze anstieß, wo ein anderer mit beiden Beinen kniete, dabei nach der Seite griff, um neben ihm liegendes Bauholz herüber zu heben, und dabei einen Schmerz im Knie verspürte in dem Augenblick, als er den Oberkörper drehte.

Zunächst ist zu bemerken, daß schwere Traumen, z. B. **gleichzeitige grobe Frakturen überhaupt nicht in den Kreis unserer Betrachtung gehören**. Hier ist die Entstehung des Meniscustraumas vielfach eine ganz andere. Ferner aber ist zu sagen: bei schweren Unfallereignissen, die zu den gewöhnlichen Meniscusschäden führen, z. B. Fall aus großer Höhe, Weggeschleudertwerden, ist die Schwere des Unfallereignisses nur unwesentliches Beiwerk. Sie zeigt nur an, daß vermutlich sehr kraftvolle Abwehrbewegungen gemacht worden sind.

Es werden nun aber neuerdings fast allgemein verhältnismäßig unerhebliche Unfallereignisse als ursächlich anerkannt, anläßlich derer eine Kraft auf den Meniscus eingewirkt hat, die geeignet ist ihn auch dann, wenn er gesund war, zum Reißen zu bringen.

Das sind in erster Linie Sportunfälle beim Ringkampf, Schiesport, Fußball. So sagt *Bürkle-de la Camp*: der Fußballspieler bleibt mit dem Standfuß in einem Rasenloch hängen, die drehende Wucht des Körpers wird vom Knie aufgefangen, oder: der Schiläufer bleibt mit dem Schi im Schnee stecken, er kann im Sturz die Schwunggewalt des drehenden Körpers nicht mehr aufhalten.

Ebenso läßt *Bürkle-de la Camp* solche Unfallereignisse gelten, die eine Fluchtbewegung darstellen: wenn es gilt irgeneiner plötzlichen Gefahr auszuweichen, werden äußerst intensive Bewegungen gemacht, wobei es nur darauf ankommt, dem Verhängnis zu entgehen, das Nervensystem nicht schnell genug reagieren kann, die einzelnen Bewegungen richtig abzumessen.

Ich habe Fälle zu begutachten gehabt wie folgt: ein Mann hatte eine schwere Last aus Beugestellung des Kniegelenks heraus mit Übergang in Streckstellung anzuheben, ein anderer trug eine schwere Last, trat dabei fehl und stürzte, ein dritter trug mit einem Kameraden einen eisernen Träger, der Kamerad versagte, dadurch kam die ganze Last auf den Mann zu liegen, er knickte im Knie ein. Von den Patienten wurde jedesmal angegeben, es habe einen Knacks im Knie getan. In allen diesen Fällen habe ich geglaubt, Unfall anerkennen zu sollen.

Man sieht, alle diese Unfallereignisse sind derart, daß sie nicht nur etwas Außergewöhnliches darstellen, sondern daß sie so geschildert sind, daß dabei kraftvolle Bewegungen im Spiele waren oder als gegeben voraus gesetzt werden müssen.

Man hat oft gesagt, ,,das Unfallereignis muß erheblich gewesen sein", nein, das muß es nicht. Hier ist zunächst zu antworten, daß von gewissen Seiten auch die genannten Unfallereignisse früher einmal als unerheblich und damit unausreichend nicht zugelassen waren — allmählich hat man sich unauffällig umgestellt. Weiter sind auch diese Unfallereignisse in der Tat, verglichen mit denen bei groben Frakturen, zu welchen man sie seiner Zeit gerade in Gegensatz gestellt hat, selbst heute noch als unerheblich zu bezeichnen. Und drittens ist der Satz überhaupt falsch. Er müßte zum mindesten, wofern man die genannte Art der Unfallereignisse neuerdings als erheblich gelten läßt, lauten, das Unfallereignis muß im allgemeinen erheblich sein. Denn, wie oft betont wurde, gehen Unfallereignis und einwirkende Gewalt in ihrer Erheblichkeit nicht kongruent. Das haben wir schon im Vorhergehenden ausführlich erörtert. Es kann auch bei ganz unerheblichen Unfallereignissen ein erheblicher Schaden im Gelenk verursacht worden sein. Dafür gibt es ganz bündige Beweise. Es existieren über $1/2$ Dutzend Beobachtungen, wonach anläßlich eines wirklich unerheblichen Unfallereignisses wie bei Besteigen einer Leiter, Sprung über ein Seil, kräftigem Wurf mit Drehung des Oberkörpers usw. eine Aussprengung aus der freien Gelenkoberfläche des Oberschenkelknorrens erfolgte. Soviel ich weiß, hat *Linde* einen ähnlichen Fall von Meniscusschaden gesehen.

Die Fälle sind alle kürzeste Zeit nach dem Unfallereignis operiert worden. Ich glaube mich nicht zu irren, wenn ich sage, wird man öfter operieren, so wird man bestimmt öfter solche Fälle zu sehen bekommen. Teilweise gebe ich trotzdem denen recht, die eine gewisse Erheblichkeit des Unfallereignisses verlangen, oder richtiger gesagt, die eine besonders kraftvolle Bewegung als Voraussetzung fordern, aber **nur deswegen**, weil in diesem Falle die **Wahrscheinlichkeit** für akuttraumatische Entstehung **größer** wird, im umgekehrten Fall für die unvermerkte Entstehung. Es können aber — allerdings sehr ausnahmsweise — auch Gründe gegeben sein, wo man trotz Unerheblichkeit des Unfallereignisses Unfall anerkennen muß, selbst abgesehen von solchen Fällen, wie die oben genannten, die einwandfrei verifiziert worden sind. Und es ist dann nicht angängig, wie ich das in Gutachten gelesen habe, diese Gründe beiseite zu schieben, **weil ein für alle Mal die Erheblichkeit als unerläßliche Voraussetzung der Anerkennung dekretiert worden ist**. Besonders dem Juristen, dem das ganze komplizierte Geschehen naturgemäß fremd ist, der sich in dem Wirrwarr, der ihm von medizinischer Seite oft vorgesetzt wird, überhaupt nicht mehr zurechtfindet, ist es nicht zu verargen, wenn er sich an einen solchen Satz hält, wofern ihm dieser als der Weisheit letzter Schluß von medizinischer Seite dargeboten ist. Die Folge sind aber Fehlurteile.

Im allgemeinen müssen wir also, wie gesagt, ein **ungewöhnliches Ereignis mit einer ungewöhnlich kraftvollen Bewegung** verlangen, damit mit überwiegender Wahrscheinlichkeit anerkannt werden kann und muß, daß Unfall vorliegt. Meines Erachtens ist das aber bei jedem Stolpern mit nachfolgendem Sturz der Fall (natürlich, wenn auch das Übrige in diesem Sinn gedeutet werden muß); beim einfachen Ausrutschen, wenn sich nachher sofort ein Erguß anschließt und die übrigen Folgen desgleichen. Folgt nach dem Sturz oder dem einfachen Ausrutschen zunächst gar nichts, ist besonders das 3. Erfordernis nicht erfüllt, so wird man in der Regel ablehnen. Natürlich kann auch bei heftigem Stolpern mit gleich nachfolgendem Erguß der Meniscus schon riß- oder einklemmungsbereit gewesen sein, aber wenn das Knie vorher gesund gewesen war, das Stolpern auf Betätigung einer besonders kräftigen Muskelaktion schließen läßt, so kann dadurch auch ein gesunder Meniscus zu Schaden gekommen sein. Da meine ich also entschieden, müßte man den ursächlichen Zusammenhang anerkennen.

Mißverständlich ist auch die Begründung, es muß beim Unfallereignis eine **äußere Gewalteinwirkung** ersichtlich gewesen sein. Wie schon gesagt wurde, kann von der Einwirkung äußerer Kräfte überhaupt nie abgesehen werden. **Das Entscheidende sind aber in solchen Fällen immer die Kräfte, die von der Muskelaktion ausgehen.** Wie schon mehrfach ausgeführt, gibt es ganz grobe Frakturen, die wesentlich allein durch Muskelaktion erzeugt werden wie Fraktur der Kniescheibe beim Versuch einen Sturz zu verhüten, Torsionsfraktur eines Oberschenkels, eines Schienbeins bei plötzlicher gewaltsamer Drehung des Körpers. Ja selbst bei einer Knöchelfraktur infolge falschen Aufsetzens des Fußes braucht keine besondere äußere Gewalt einzuwirken, liefert lediglich die Muskelaktion die den Schaden verursachenden Kräfte. **Dasselbe gilt für die akuttraumatische Entstehung der Meniscusschäden.** Bei einer Fluchtbewegung kann mit der äußeren Gewalteinwirkung doch sicher nicht etwa das Hereinbrechen von Gesteinsmassen oder die unmittelbare Gefahr, von einer Maschine erfaßt zu werden, gemeint sein. Denn der Einwirkung dieser Kräfte entzieht sich ja gerade der Flüchtende. Wenn jemand sich das Knie gewaltsam verdreht, weil der Fuß dem Boden fest aufgesetzt ist, so ist es ebenfalls die Muskelaktion, die den Schaden wesentlich verursacht. Wenn jemand stolpert und auf das Knie fällt, so ist der Meniscusschade da, ehe die Knie auf dem Boden landen. Der bei einer gewaltsamen Drehung oder Sturz zu Fall kommende befindet sich unter Umständen allein auf weiter Flur; wo bleibt da die äußere Gewalt? Diejenigen, die „äußere Gewalt" betonen, mögen oft das Richtige meinen. Sie sollten aber sagen, **eine große von innen kommende, sich entsprechend äußernde Gewalt**, kurz, eine mit großer Kraft sich äußernde Körperbewegung. Es braucht hier nicht hinzugefügt werden, daß auch von diesem Moment in Ausnahmefällen abgesehen werden muß und daß es nur ein Teilstück des Wahrscheinlichkeitsbeweises ist.

Die Behauptung, daß äußere Gewalt notwendig sei, führt eben wieder zu Mißverständnissen, besonders bei weniger erfahrenen Gutachtern, nämlich dazu, unfallsweise Entstehung von Meniscusschäden abzulehnen, bloß wenn das Unfallereignis ihrer Ansicht nach zu wenig dramatisch verlief, umgekehrt sie bloß deswegen anzuerkennen wo und bloß weil das der Fall war.

Unfall abzulehnen, weil die Verrichtung betriebsüblich war, ist gänzlich unzulänglich, das erkennt auch *Wette* an, das RVA. hat diese Ansicht sanktioniert. „Die Verrichtung" ist freilich dann nicht betriebsüblich, wenn jemand überfahren, oder gequetscht wird, sie kann aber sehr wohl betriebsüblich sein, wenn jemand anläßlich dieser Verrichtung stürzt und sich den Oberschenkel bricht.

Am meisten umstritten ist heute die Frage, ob jemand sich einen gesunden Meniscus zerreißen kann, wenn er **aus knieender Stellung aufsteht**. Das wird von mancher Seite grundsätzlich abgelehnt.

Ich glaube, das ist nach alledem, was wir über die akuttraumatische Entstehung der Meniscusschäden wissen, in dieser Allgemeinheit unrichtig. Ich möchte annehmen, daß beim Aufstehen aus einer kurze Zeit durchgeführten knieenden Stellung, tatsächlich in der Regel Unfall abzulehnen sei, aber nicht in jedem Fall bei Aufstehen aus Kniebeuge, z. B. dann, wenn der Pat. vorher längere Zeit im Knieen womöglich in einer Zwangsstellung gearbeitet hat. Denn gerade beim Aufstehen aus knieender Stellung vollzieht sich ja der Vorgang, von dem wir wissen, daß dabei ein akuttraumatischer Meniscusschade entstehen kann, nämlich Übergang aus der Beuge- und Außenrotationsstellung in Streckstellung (auch von *Schaer* anerkannt). Geschieht das ohne besondere Kraftanstrengung, ohne daß vorher länger gekniet war, so vermag ich mir, wie gesagt, nicht vorzustellen, daß hierbei ein normaler Meniscus zu Schaden kommen kann. Wenn aber jemand vorher längere Zeit in einer Zwangshaltung gekniet hat, so ist der sensible Teil des Nervensystems unter Umständen nicht mehr voll funktionsfähig; das kann eine unzweckmäßige und unkoordinierte gewaltsame Bewegung zur Folge haben. Jedermann weiß, daß bei Übermüdung, ebenso bei Schmerzen die Kontrolle durch das Nervensystem nicht mehr vollwertig ist. Bei Menschen, die berufsmäßig viel knieen, wie Bergleuten, Gärtnern, mag im allgemeinen durchaus die größere Wahrscheinlichkeit dafür sprechen, zumal diese an die knieende Stellung gewöhnt sind, daß der Meniscus schon vorher gelockert oder rißbereit gewesen ist, und man wird hier im allgemeinen recht daran tun, abzulehnen. Aber ich kann mir sehr wohl denken, daß bei langer ungewohnter Arbeit im Knieen der Vorgang des Erhebens aus der knieenden Stellung infolge Ermüdung des Nervensystems einen gesunden Meniscus zum Zerreißen bringen kann. Auf dem diesjährigen internationalen Unfallkongreß hat mir ein schweizer Chirurg erzählt, daß er mehrere Fälle beobachtet hat, bei denen die Frühoperation einwandfrei ergeben hat, daß ein gesunder Meniscus anläßlich des Aufstehens aus Kniebeuge zerrissen worden ist. Ich glaube mich hier auch mit *Fuss*, *Gebhardt* u. a. im Einklang zu befinden, wenn ich behaupte, daß es unrichtig ist zu sagen, daß beim Aufstehen aus Kniebeuge ein gesunder Meniscus niemals zerreißen könne. Um nicht mißverstanden zu werden, will ich betonen, daß ich mich auch hier nur wieder dagegen wende, daß ein für allemal der Tatbestand eines bestimmten rein äußerlichen Vorgangs den Gutachter verpflichten soll, keine Ausnahmen zuzulassen, daß ich aber anerkenne, daß Aufstehen aus Kniebeuge ein alltägliches Ereignis ist und daß angesichts dieses Umstandes ganz besondere Daten vorliegen müssen, wenn mit ausreichender Wahrscheinlichkeit ein ursächlicher Zusammenhang anerkannt werden soll.

Man sieht, die Unfallereignisse sind von sehr verschiedener Wertigkeit. Auch wenn man von den oft mangelhaften Begründungen und der unberechtigten grundsätzlichen Ablehnung eines rein äußerlich betrachteten Unfallereignisses als ungeeignet, einen Unfall herbeizuführen, absieht, ist dem subjektiven Ermessen des einzelnen Gutachters leider noch ein sehr großer Spielraum gelassen. In solchen Fällen wird derjenige vom Richter Recht bekommen, der am besten verstanden hat, seinen Standpunkt zu begründen.

Aber es ist schon viel gewonnen, wenn über das Grundsätzliche eine Einigung zustande kommt. Es wäre wünschenswert, eine Sammlung genauer Schilderungen von solchen Unfallereignissen zu machen, wo von sachverständiger Seite Unfall anerkannt oder abgelehnt worden ist, damit ein Überblick möglich wird und eine gewisse Einheitlichkeit zustande kommen kann. *Gaugele* hat in einer Arbeit im Arch. f. orthop. Chir. (**38**, 599) nach dieser Richtung einen begrüßenswerten Anfang gemacht.

Betrachten wir nun noch die **Bedeutung der Einzelheiten**, die während des Unfallereignisses und kurze Zeit danach auftreten.

a) **Äußere Verletzung der Haut** usw. gehören nicht zu einem Unfallereignis, anläßlich dessen ein Meniscustrauma erfolgen kann. Denn wir haben gesehen, daß das Meniscustrauma immer ein indirektes ist.

b) Der **plötzliche Schmerz** im Augenblick des Unfallereignisses gehört meiner Überzeugung nach zu jedem akut entstehenden Meniscustrauma. Er wird auch fast immer erwähnt, oder, wenn es nicht ausdrücklich notiert ist, als selbstverständlich vom Patienten vorausgesetzt. Wir wissen nicht genau, wie er zustande kommt. Es kann sein so, daß der plötzliche Zug an der Kapsel ihn hervorruft, oder daß die plötzliche Dehnung ihn erzeugt, die durch das Auseinanderdrängen der großen Knochen herbeigeführt wird. Würde einmal ausdrücklich angegeben, daß ein solcher plötzlicher Schmerz nicht aufgetreten sei, so wäre das ein gewichtiges Moment gegen die Anerkennung des Unfalls; umgekehrt beweist der plötzliche Schmerz nicht, daß der Meniscusriß als Unfall zu bewerten sei. Je mehr er freilich betont wird, z. B. als fürchterlicher Schmerz angegeben wird, umso mehr wird man ihn im Sinne des Unfalls werten.

c) Eine äußerst wichtige Angabe ist die, daß es bei dem Unfallereignis einen **Knacks**, oft hörbaren **Krach im Gelenk** gegeben hat. Das läßt wohl immer darauf schließen, wenn nachher ein Meniscusschade festgestellt wird, daß der Knacks oder Krach mit dem Meniscustrauma zusammenhängt. Es ist hier dasselbe wie beim plötzlichen Schmerz: ein vorher gesunder Meniscus wird bei seinem Abriß im allgemeinen einen heftigeren Knacks oder Krach aufweisen.

d) Ist unmittelbar nach dem Unfallereignis eine **elektive Druckempfindlichkeit** (das Hauptsymptom für den Meniscusschaden) festgestellt, oder ein abnormer „Knubbel" im Gelenkspalt konstatiert, so beweist das nur, daß ein Meniscusschade vorliegt; ob er als Unfall oder nicht entstanden ist, geht daraus nicht hervor.

e) Dasselbe gilt für unmittelbar nach dem Unfall sich einstellende Störung oder Bewegungsbeschränkung infolge **Einklemmung**.

f) **Schwellung**, die kurze Zeit nach dem Unfall auftritt, bedeutet in der Regel einen Erguß im Gelenk. Beruht sie nicht auf Erguß, so gehört sie nicht zum Meniscusschaden.

g) Wenn unmittelbar im Anschluß an das Unfallereignis sich ein **Erguß** einstellt, so ist das immer darauf verdächtig, daß der Erguß blutig ist; ein solcher blutiger Erguß ist immer stark verdächtig auf die akuttraumatische Meniscusverletzung, je stärker er ist, umso mehr. Aber ich sehe umgekehrt nicht ein, warum Beimischung von Blut im Erguß eine akuttraumatische Entstehung verbürgen soll. Auch das schließliche Zerreißen eines rißbereiten oder schon gelockerten Meniscus kann mit Blutung einhergehen, in der Regel freilich wohl mit einer geringfügigen. Daß man die Beimischung von Blut als Zeichen einer akuttraumatischen Entstehung schlechthin hingestellt hat, ist wieder die Folge der mangelnden Erkenntnis, daß alle Meniscusschäden, auch die unvermerkt entstandenen, traumatischen Ursprungs sind. Hier muß eben wieder von Fall zu Fall entschieden werden.

Ein erst im Verlauf von vielen Stunden oder gar Tagen entstandener Erguß beweist für die akuttraumatische Entstehung nichts. Es kann ein rein seröser Reizerguß sein. Wird ein solcher durch Punktion festgestellt, so spricht er sicher eher gegen die akuttraumatische Entstehung.

In vielen Fällen wird sich durch die Beschaffenheit des Ergusses immerhin ein wichtiges Moment mehr für die Beurteilung ergeben. Es sollte deswegen der kleine Eingriff der **Punktion** viel häufiger in dem für die Beurteilung geeignetsten Zeitpunkt, nämlich möglichst früher vorgenommen werden, als dies bisher üblich ist.

h) **Schmerzen, Gebrauchsunfähigkeit längere Zeit nach dem Unfallereignis** beweisen in der Regel weder in einem noch in anderem Sinn etwas.

i) Einige Autoren haben den Standpunkt vertreten, daß zur Anerkenntnis eines akuttraumatischen Meniscusschadens gehört, daß die **Arbeit sofort eingestellt** sei. Es bricht sich immer mehr die Überzeugung Bahn, daß das nicht richtig ist. Es ist ja auch nicht einzusehen, warum ein anatomisch so kleiner Schade wie ein Meniscusschade nicht zunächst dem Verletzten noch erlauben sollte, die Arbeit fortzusetzen. Aber freilich wird die Nichtunterbrechung der Arbeit immerhin in etwas ins Gewicht fallen können, indem man sich sagt, der zustande gekommene Schade ist vielleicht nicht sehr groß gewesen. Umgekehrt beweist die sofortige Niederlegung der Arbeit an sich weder für die akuttraumatische Entstehung etwas, noch fürs Gegenteil.

j) Wo der Fall so liegt, daß offensichtlich eine äußere Gewalt entscheidend im Spiele war, wie beim gewaltsamen Umknicken des gestreckten Beins, dürfte die Frage im Sinne der akuttraumatischen Entstehung leicht zu entscheiden sein, wenn der Hergang klar geschildert ist und die übrigen Erfordernisse erfüllt sind.

Bezüglich des 3. Erfordernisses, der Kontinuität der Beschwerden, ist zu sagen, daß man höchstens in ganz besonders gelegenen Fällen auf diese wird verzichten können, sonst hört überhaupt jede Beurteilungsmöglichkeit auf.

Zusammenfassend ist für die Fälle, wo wir auf Grund eines Indizienbeweises entscheiden müssen, ungefähr das zu sagen: im allgemeinen wird man den ursächlichen Zusammenhang anerkennen müssen, wenn die oben genannten 3 ersten Erfordernisse unter Berücksichtigung des 4. Erfordernisses erfüllt sind. Die Hauptschwierigkeiten bestehen bezüglich des 2. Erfordernisses, besonders der Art des Unfallereignisses. Ist dieses überhaupt unzureichend geschildert, fehlen auch die Schilderungen wesentlicher unmittelbarer Folgen, so muß mangels Beweismöglichkeit abgelehnt werden. Es mag das für den Patienten bedauerlich sein, hilft aber nichts. Ist das Unfallereignis ausreichend geschildert, so wird man sich fragen, ob anläßlich seiner die Vorstellungen zutreffen, die wir uns von dem Mechanismus der Entstehung des Meniscusschadens machen. Ist das der Fall, so wird man fragen müssen, ob überhaupt an dem Knie etwas passiert ist (Krach während des Unfallereignisses, Schmerz usw., unmittelbare Folgen wie Schwellung, Druckempfindlichkeit, Bewegungseinschränkung usw.). Existieren keine Notizen hierüber, so wird man im allgemeinen ablehnen müssen. Wichtig ist, ob die gemachten Bewegungen mit großer Kraft ausgeführt worden sind. Kommt man dann zu der Überzeugung, daß dem Meniscus etwas passiert ist, so wird man im allgemeinen den ursächlichen Zusammenhang anerkennen müssen — weil das Knie vorher gesund gewesen war, weil anläßlich eines geeigneten Unfallereignisses der Meniscusschade entstanden ist und weil an das Unfallereignis sich Beschwerden angeschlossen haben, die sich kontinuierlich in die Beschwerden fortgesetzt haben, die Gegenstand des Rentenanspruchs sind. Die Anerkenntnis erfolgt, weil die größere Wahrscheinlichkeit dafür spricht, daß man das Richtige trifft, wenn man so urteilt, aber nicht weil man sagen könnte, daß ein Irrtum ausgeschlossen ist. War man früher viel zu weit gegangen in der Annahme der akuttraumatischen Entstehung, so ist hier in durchaus berechtigter Weise gebremst worden. Aber die Bremse war zu scharf angezogen worden. Man hat nicht berücksichtigt, daß die Erheblichkeit des Unfallereignisses und die des Traumas nicht kongruent gehen, daß der Mechanismus der Entstehung des Meniscusschadens mit dem sinnfälligen Hervortreten der Einwirkung äußerlicher Gewalten nichts zu tun hat; man hat nicht berücksichtigt, daß alle Meniscusschäden, soweit sie hier zur Diskussion stehen, auch die unvermerkt entstanden, mechanischen Ursprungs sind, so daß die in der Begutachtung zu ziehende Trennungslinie nicht so sehr ein Problem der Pathologie als ein Problem der richtigen Ausarbeitung des Unfallbegriffs mit Beziehung auf die Eigenart der Entstehung des Meniscusschadens ist.

Entscheidung, ob bei vorher gesundem Meniscus Unfall anzunehmen ist, wenn ein autoptischer Befund vorliegt.

Die Entscheidung auf Grund der 3 genannten Erfordernisse ist, wie gesagt, eine solche auf Grund eines verwickelten, an sich wenig befriedigenden Indizienbeweises, der ein Notbehelf überall da ist, wo eine direkte Besichtigung des zu Schaden gekommenen kleinen Organs nicht möglich ist. Die Sachlage ändert sich unter Umständen vollkommen, wenn eine Operation erlaubt, den Meniscus direkt zu besichtigen. Dann kann der Fall so liegen, daß die 3 Erfordernisse nicht mehr, oder nur teilweise und ergänzend in Betracht kommen. Das gilt sowohl für den Fall der Anerkennung wie der Ablehnung des Unfalls.

Hauptsächlich ist dies so, wenn die Operation sehr früh nach dem Unfallereignis gemacht wird. Schon die makroskopische Betrachtung läßt hier manchen Schluß zu. Ist der Meniscus stark zerschlissen, so spricht das gegen Unfall. Bezüglich der Art des Risses muß ich *Schaer* beipflichten (S. 17 seines Buches): es wird zwar anerkannt, daß man aus der Art des Risses im allgemeinen Schlüsse ziehen kann, aber in besonderen Fällen sich nicht an bestimmte Regeln halten darf. Ich will auf Einzelheiten nicht eingehen. Wenn der Meniscus, der im übrigen vollständig gesund erscheint, einen glatten Riß hat, so muß von Fall zu Fall entschieden werden.

Hier kann nun die histologische Untersuchung weiter führen.

Mit Recht wird heute verlangt, daß jeder operativ entfernte Meniscus histologisch untersucht wird. Wird er bei einer Frühoperation stark entartet befunden, so spricht das gegen die unfallsweise Entstehung, aber immerhin muß auch der makroskopische Befund und der ganze Hergang des Unfallereignisses mit in Betracht gezogen werden.

Die Hauptfrage ist augenblicklich die, inwieweit man einem Meniscus, der erst Wochen und Monate nach dem Unfallereignis entfernt ist, ansehen kann, wie sein Schade zustande gekommen ist. Ist der Meniscus entartet und zerrissen, so könnte es sein, daß er entartet ist, weil er beim Unfallereignis zerriß, oder daß er beim Unfallereignis zerrissen ist, weil er schon vorher entartet war. Findet man den Meniscus glatt zerrissen und nur geringe Entartung, ein Fall, der nach Angabe verschiedener Autoren öfter beobachtet worden ist, so wird natürlich, zumal wenn wirklich der ganze Meniscus entfernt ist, die akuttraumatische Entstehung angenommen werden müssen, wofern sonst keine Gegengründe vorliegen. Man hat behauptet, ein akuttraumatisch zerrissener Meniscus würde niemals, auch bei späterer Operation solche Entartung zeigen, wie ein unvermerkt geschädigter. Ich muß sagen, das glaube ich nicht, solange in dieser Hinsicht nicht ein erdrückendes Beweismaterial vorgelegt wird. Und andere sind derselben Ansicht (*Payr, Prinz, Niessen, Fuß, Kallius, Andreesen, Schaer* u. a.). Ich schließe mich der Ansicht derer an, wonach der autoptische Befund bei einer Operation, die nach Wochen und Monaten gemacht worden ist, wenn der Meniscus zerrissen und entartet ist, im allgemeinen keinen Rückschluß mehr auf die Entstehungsart zuläßt. Es soll damit nicht gesagt sein, daß man nun auch in Spätfällen gelegentlich nicht noch gewisse Schlüsse auf die überwiegend traumatische Entstehung ziehen kann. So ist es insbesondere gewiß richtig, daß Regenerationsvorgänge bei schon vorher zerschlissenem Meniscus einfach infolge Unterbrechung der Ernährungsbahnen weniger beobachtet werden, häufiger dagegen bei akuttraumatisch Geschädigten (*Bürkle-de la Camp* usw.). Hier wird noch manches Tatsachenmaterial beigebracht werden müssen, ehe man ganz klar sieht. Wir müssen uns aber sehr davor hüten, daß die Entscheidung über unfallsweise oder nicht unfallsweise Entstehung eines Meniscusschadens in ein Fahrwasser gerät, wo gewissermaßen der Pathologe das letzte Wort spricht. Die Gefahr ist nicht gering, weil das Vorliegen eines fein säuberlich abgefaßten pathologischen Befundes, zumal wenn der Pathologe sich sehr bestimmt auszudrücken beliebt, für den Juristen ein äußerst bequemes und scheinbar unanfechtbares Beweisstück ist, das jeden Einwand ausschließt. So ist es aber gerade nicht, und die pathologische Histologie des Meniscus ist noch sehr jung und noch keineswegs abgeschlossen. Die letzte **Entscheidung muß immer dem Kliniker bleiben.** Er muß dem pathologischen Befund in seinem Gutachten den Platz einräumen, der ihm zukommt (vgl. *Prinz, Konjetzny*). Aus dem Vorstehenden geht hervor, daß eine Operation, besonders eine frühzeitig gemachte, dazu führen kann, daß der Fall gerade entgegengesetzt entschieden werden muß, als er vermutlich entschieden worden wäre, wenn die Operation unterblieben wäre! Manch einem müssen wir die Rente auf Grund des Operationsbefundes versagen, die er vielleicht ohne die Operation bekommen hätte. Manch einem müssen wir sie zusprechen, der ohne die sofortige Operation der Rente verlustig gegangen wäre. Das zeigt wieder die bedauerliche Problematik der Meniscusbegutachtung, wie sie in der Mehrzahl der Fälle geübt werden muß, ist aber geeignet uns zu veranlassen eine Frühoperation zu machen, wo wir vielleicht im übrigen schwanken würden, ob wir eine solche vornehmen sollen.

Entscheidung, ob Unfall vorliegt, wenn der Meniscus schon vorher nicht mehr vollwertig gewesen ist.

Bisher haben wir den Fall behandelt, in dem der Meniscus vor Eintritt des Unfallereignisses normal war, die Voraussetzung dazu ist, daß das 1. Erfordernis erfüllt war, also der Patient vor dem Unfallereignis keine Erscheinungen dargeboten hatte, die dafür sprechen, daß das Knie vorher nicht in Ordnung gewesen wäre. Stellen wir uns nun den Fall vor, daß der Meniscus zwar nicht mehr ganz normal ist, aber doch noch so, daß er ohne das Unfallereignis seinen Dienst noch beliebig lang getan hätte, so muß natürlich Unfall hier anerkannt werden. Und es fragt sich, ob wir diesen Fall als vorliegend klinisch, d. h. auf Grund unseres Indizienbeweises, erkennen können. In der Praxis wird man ohne Operation das Vorliegen dieses Falles nur selten mit ausreichender Wahrscheinlichkeit behaupten können. Meines Erachtens nur dann, wenn am Knie, trotzdem vorher keine Unfallereignisse vorgekommen sind, leichte Beschwerden geklagt waren usw., das Knie im ganzen doch seinen Dienst noch völlig erfüllt hat, und wenn das Unfallereignis ganz entschieden dafür spricht, daß ein erhebliches Trauma erfolgt ist. Besonders muß hier verlangt werden, daß eine Bewegung stattgefunden hat, die mit ungewöhnlich großer Gewalt ausgeführt worden ist. Es muß ein sofortiger starker Erguß konstatiert worden sein. Es müssen von nun ab dauernd erhebliche Beschwerden bestanden haben. Andernfalls ist der Beweis einer unfallsweisen Entstehung eben einfach nicht zu erbringen, es muß dann dabei bleiben, daß das Nichterfülltsein des 1. Erfordernisses die Anerkennung ausschließt. Auch hier kann eine Frühoperation zu einer Beurteilung führen, die ohne eine solche nicht möglich wäre.

Wie schwierig aber oft die Entscheidung ist, selbst in Fällen, wo operiert worden ist, zeigt ein Fall von *Schaer* (S. 111 seines Buches). Wenn ich ihn richtig verstehe, ist hier auf Grund des autoptischen Befundes Unfall anerkannt worden, obgleich der Meniscus nachgewiesenermaßen infolge eines früheren Unfalls vor dem in Rede stehenden Unfallereignis (Sport) nicht mehr normal gewesen war. Ich könnte mir denken, daß in dem *Schaer*schen Fall sich Gutachter fänden, die zu einer anderen Beurteilung gekommen wären.

Schlußbemerkung.

Aus all dem Gesagten geht hervor, daß das Wichtigste für die Beurteilung der Meniscusschäden eine einwandfreie Vorgeschichte ist. Besonders das Unfallereignis sollte genau geschildert werden. Der Verletzte sollte, und zwar gerade bei den leichtesten Knieverletzungen einem Arzt vorgestellt werden, der weiß, worauf es gerade hier ankommt. Dieser müßte die Vorgeschichte vor allem betreffs des Unfallereignisses sorgfältig erheben, den ersten Befund genau notieren, den Verletzten in den nächsten Tagen kontrollieren. Der Arzt sollte auch Gelegenheit nehmen, sich über die Persönlichkeit des Verletzten ein Bild zu machen, ob dieser z. B. von Anfang an mit vollen Segeln auf die Rente lossteuert, oder ob er ein ruhiger vernünftiger Mensch ist. Zeugenaussagen sollten möglichst frühzeitig herbeigeführt werden. Als Durchgangsarzt behalte ich jeden Kniegelenkverletzten in bg. Behandlung auch auf die Gefahr, daß die B. g. nachher bei mir anfragt, wieso ich dazu komme, wo doch Unfall unwahrscheinlich sei.

Der Gutachter muß sich darüber im klaren sein, daß hinsichtlich der mechanischen Genese kein Unterschied besteht zwischen den akuttraumatischen Fällen und den unvermerkt entstandenen Fällen. Er muß die theoretischen Grundlagen kennen, er muß wissen, daß — besondere Fälle ausgenommen — es niemals möglich ist zu sagen, was wirklich gewesen ist, sondern nur, wo die größere Wahrscheinlichkeit liegt, daß alle Einzelheiten bloß als Teile eines Allgemeinbildes gelten dürfen, daß etwaige Richtlinien nur den Zweck haben können, gewisse Anhaltspunkte für die Wertung immer wiederkehrender Einzelheiten zu geben. Ganz abgesehen davon, daß uns eben einfach nichts anderes übrig bleiben wird, als so zu verfahren, sage man nicht, eine solche Praxis sei zu kompliziert, sie lasse dem subjektiven Ermessen des Gutachters zuviel Spielraum. Es wird sich auch hier oder vielmehr gerade auf diese Weise, weil eben so vielen berechtigten Einwänden die Spitze abgebrochen wird, eine allgemein anerkannte Praxis der Meniscusbegutachtung, nur in etwas subtilerer Form, wie sie der Besonderheit der Materie entspricht, herausbilden.

Es ist gewiß fast unerträglich mit anzusehen, welche Mühe verwandt wird, wieviel herumgestritten wird, welche Berge von Akten entstehen, um die zahlreichen Ansprüche wegen Meniscusschäden zu erledigen. Ob man auf dem richtigen Weg ist, wenn man glaubt die Sache zu vereinfachen, indem man jeden Meniscusschaden bei gewissen Berufen als entschädigungspflichtige **Berufskrankheit** erklärt, ist noch sehr zweifelhaft. Diejenigen, die allzusehr die „spontane" Entstehung der Meniscusschäden betont haben, haben in das Nest der Berufsgenossenschaften ein arges Kuckuksei gelegt. Das wäre nicht nötig gewesen, wenn man beizeiten auf Grund der Erkenntnis, worum es sich bei den Meniscusschäden handelt, in etwa die richtige Grenzlinie zwischen den akuttraumatisch und den unvermerkt entstandenen Meniscusschäden aufgezeigt hätte. **Diese Grenze zu ziehen ist möglich.** Die Anerkenntnis des Meniscusschadens als Berufskrankheit wird die zwangsweise Folge haben, daß das Gleiche verlangt werden wird für die Spondylosis deformans, für zahlreiche Formen der Arthrosis deformans und alle möglichen sonstigen Abnutzungs- und Aufbrauchsschäden. Zweitens ist es nicht ausgeschlossen, daß man vom Regen in die Traufe kommt. Die Interessenten werden gerade bezüglich des Meniscusschadens sehr bald herausbekommen, wie man einen vorhandenen oder nicht vorhandenen Meniscusschaden zweckmäßig verwenden kann. Und die Problematik der Entscheidung über die Meniscusschäden würde dann bloß auf ein noch schwieriger zu behandelndes Gebiet verschoben werden. Ich will damit nur sagen, die Konsequenzen einer Anerkennung der Meniscusschäden als Berufskrankheit muß man sich genau überlegen, und, wer empfiehlt sie als solche anzuerkennen, soll das nicht tun in der Hoffnung, die Begutachtung zu erleichtern oder zu vereinfachen, er soll sich vielmehr darüber ganz klar sein, daß die Unfallversicherung damit auf einen neuen Weg geleitet wird, von dem man noch nicht weiß, wohin er führt. Wenn ich mir erlauben darf, meine eigene Ansicht zu äußern, so geht sie dahin, daß man mit dem Entscheid über die Anerkennung der Meniscusschäden als Berufskrankheit noch zum mindesten so lange warten möge, bis über die Genese der Meniscusschäden und ihre Begutachtung eine größere Einigkeit herbeigeführt ist, als dies bis jetzt der Fall ist.

Grundriß der gesamten Chirurgie

Ein Taschenbuch für Studierende und Ärzte

Allgemeine Chirurgie. Spezielle Chirurgie Frakturen und Luxationen. Operationskurs Verbandlehre

Von

Professor Dr. **Erich Sonntag**

Direktor des Chirurgisch-Poliklinischen Instituts der Universität Leipzig

Vierte, vermehrte und verbesserte Auflage

XII, 1128 Seiten. 1937. Gebunden RM 28.80

Inhaltsübersicht:

Allgemeine Chirurgie: 1. Aseptik. A. Körperoberfläche. B. Operationsmaterial. C. Operationsraum. — 2. Anästhetik. A. Allgemeine Betäubung (Narkose). B. Örtliche Betäubung. — 3. Wunde, Wundheilung und Wundbehandlung einschl. Plastik und Transplantation. A. Wunde. B. Wundheilung. C. Wundbehandlung. — 4. Nekrose. — 5. Verletzungen (mit Ausschluß der Frakturen und Luxationen). A. Mechanische Verletzungen. B. Thermische Verletzungen. C. Chemische Verletzungen. Anhang: Allgemeine Verletzungsfolgen. — 6. Chirurgische Erkrankungen der einzelnen Gewebe. — 7. Die chirurgischen Infektionskrankheiten. A. Allgemeines über Infektion. B. Spezielles über die einzelnen Infektionskrankheiten. — 8. Geschwülste. A. Allgemeiner Teil: Definition, Einteilung, Ätiologie, Verlauf, Prognose, Therapie. B. Spezieller Teil.

Spezielle Chirurgie. Weiche Schädeldecken. Schädelknochen. Gehirn, sowie dessen Häute und Gefäße.

Frakturen und Luxationen. 1. Allgemeiner Teil: Frakturen, Kontusionen, Distorsionen und Luxationen der Gelenke. 2. Spezieller Teil.

Operationslehre. 1. Ligaturen. A. Allgemeines. B. Spezielles. — 2. Amputationen und Exartikulationen. A. Allgemeines. B. Spezielles. — 3. Gelenkresektionen. A. Allgemeines. B. Spezielles. — 4. Verschiedene typische Operationen.

Verbandlehre. A. Einfache Verbände. B. Lagerungsverbände. C. Kontentivverbände. Streckverbände einschl. Knochen-, spez. Drahtextension. Druckverbände. Anhang: Unfallversicherung. — Sachverzeichnis.

VERLAG VON JULIUS SPRINGER IN BERLIN

MIX
Papier aus verantwortungsvollen Quellen
Paper from responsible sources
FSC® C105338

If you have any concerns about our products,
you can contact us on
ProductSafety@springernature.com

In case Publisher is established outside the EU,
the EU authorized representative is:
**Springer Nature Customer Service Center GmbH
Europaplatz 3, 69115 Heidelberg, Germany**

Printed by Libri Plureos GmbH
in Hamburg, Germany